Jacobi · Uns bleiben 100 Jahre

Claus Jacobi

Uns bleiben 100 Jahre

Ursachen und Auswirkungen der Bevölkerungsexplosion

Ullstein

Erste Auflage Februar 1986
Zweite Auflage März 1986
Dritte Auflage April 1986

Satz: Utesch Satztechnik GmbH, Hamburg
Druck und Einband: Ebner Ulm
Printed in Germany 1986
ISBN 3 550 07739 4

Für Heike und Sven

Inhalt

Vorwort

Vor 15 Jahren veröffentlichte ich in einigen Sprachen und Staaten von Finnland bis Mexiko ein Buch über Gefahren der Bevölkerungs-Explosion: »Die menschliche Springflut«. Der Erfolg meiner Warnung war das, was man begrenzt nennen kann: seither hat die Weltbevölkerung um eine Milliarde Menschen zugenommen.

So schien 1985 eine Überarbeitung der »menschlichen Springflut« sinnvoll. Doch statt einer Neuauflage wurde erst eine Serie in WELT am SONNTAG, dann eher ein neues Buch daraus. Alle demographischen Hochrechnungen darin basieren – soweit nicht anders angegeben – auf den offiziellen Statistiken der Vereinten Nationen, auf den »World Population Prospects«.

Nichts wird das Leben auf diesem Stern in den nächsten hundert Jahren stärker beeinflussen als die

Bevölkerungszunahme. Nichts wird das Antlitz der Erde nachhaltiger verändern. Die der Bevölkerungs-Explosion innewohnenden Gefahren werden, so fürchte ich, unterschätzt. Und ich wäre glücklich, wenn ich Unrecht hätte.

Tod durch Leben

»Erhänge Dich, mein tapferer Crillon. Wir schlugen uns bei Arques, und Du warst nicht dabei.«

Heinrich IV. (1553–1610)

Zu viele Menschen sind das Unglück dieses Sterns. Zu viele Menschen trägt und erträgt die Erde nicht.

Für zu viele Menschen reichen Rohstoffe und Nahrung nicht. Wir haben den Planeten angezapft, ausgelaugt, ausgebeutet. Wir hätten – so sang ein Poet – angefangen, die Fähre, auf der wir durch Raum und Zeit reisen, aufzuessen. Nicht, weil wenige gierig, sondern weil so viele hungrig sind.

Für zu viele Menschen reicht der Platz nicht. Wir zerstören die Umwelt, verseuchen die Elemente. Wir vergiften den Planeten mit unserer Chemie und unseren Abfällen. Nicht weil wir tierisches und pflanzliches Leben ausrotten, sondern weil wir menschliches Leben erhalten wollen.

Selbst die optimistischen Prognosen der UNO, die für die nächsten 100 Jahre von sinkenden Zuwachsraten der Weltbevölkerung ausgehen, sehen eine

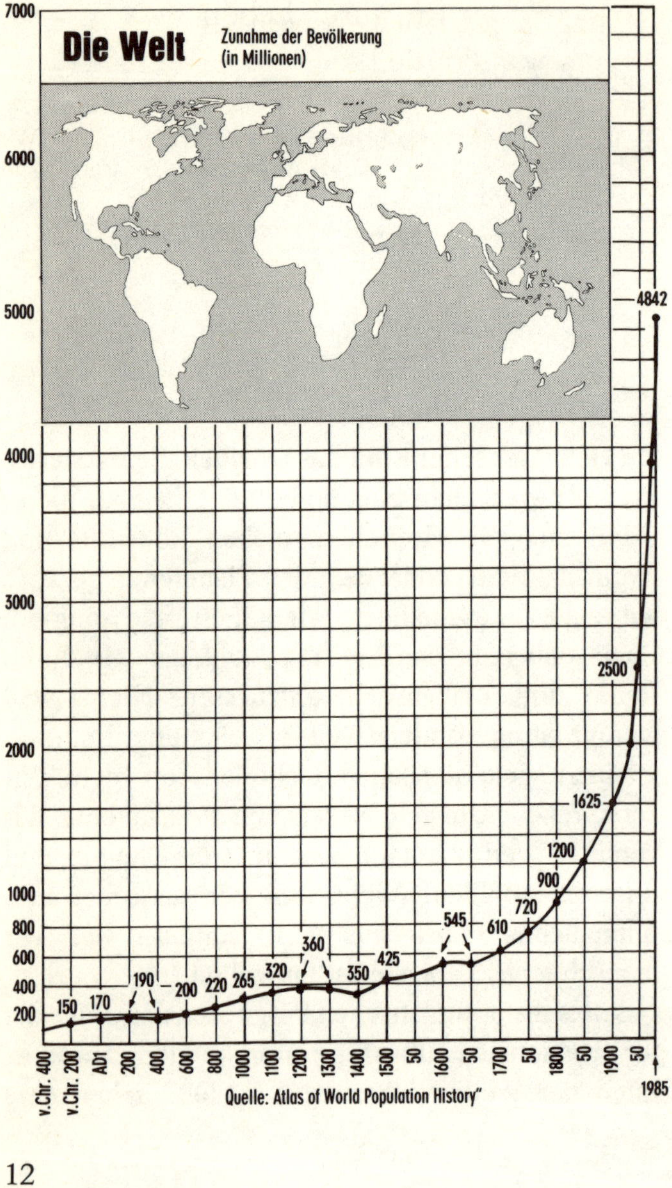
Die Welt
Zunahme der Bevölkerung
(in Millionen)
7000
6000
5000
4000
3000
2000
1000
800
600
400
200
4842
2500
1625
1200
900
720
610
545
425
360
350
320
265
220
200
190
170
150
400 v.Chr.
200 v.Chr.
AD1
200
400
600
800
1000
1100
1200
1300
1400
1500
50
1600
50
1700
50
1800
50
1900
50
1985
Quelle: Atlas of World Population History"

Verdoppelung der Menschheit in 65 Jahren vor. Das aber heißt im Prinzip (Innovationen nicht berücksichtigt): in 65 Jahren wird die Menschheit ihren Besitzstand verdoppeln müssen, um nicht schlechter dazustehen als heute, nicht ärmer, nicht hungriger, nicht elender.

Es muß doppelt soviel geerntet und doppelt soviel produziert werden. Neben jeder Fabrik muß eine neue entstehen, neben jeder Straße eine zweite, neben jedem Kernkraftwerk noch eines. Die Zahl der Arbeitsplätze und Gefängnisse, der Bohrlöcher und Bergwerke, der Kliniken und Schulen muß verdoppelt werden, ebenso die Zahl der Autos und der Rinder, der Fließbänder und der Schornsteine. Zweimal soviel Wälder müssen abgeholzt und zweimal soviel Atomabfälle eingelagert werden. Doppelt soviel Abwässer werden die Ozeane verseuchen, doppelt soviel Abgase werden zum Himmel qualmen und doppelt soviel Chemie wird auf die Felder gesprüht werden...

Eine Horrorvorstellung? Kein Pfad führt an ihrer Verwirklichung vorbei (es sei denn der Weg in die Katastrophe). Wir werden die Erde mehr denn je vergiften und plündern müssen, wenn wir die Menschen auf ihr am Leben erhalten wollen. Und dabei würde alles das die Menschen keinen Schritt weiterbringen, sondern nur den gegenwärtigen Zustand festschreiben (Äthiopien und Sahelzone eingeschlossen). Jeder Fortschritt beginnt erst jenseits der monströsen Leistung.

Das ist das Antlitz der Bevölkerungs-Explosion. Und noch nicht einmal seine häßlichste Seite.

Zu viele Menschen schaffen zu große Dichte, Kants ungesellige Geselligkeit. Zu große Dichte zeugt Armut, Hunger und Gewalt. Sie erhöht die Gefahr eines atomaren Holocaust. Zu große Dichte macht Menschen und Tiere aggressiv, brutal und krank, ihre Sitten zerfallen.

Gegen Umwelt-Zerstörung und Rohstoff-Mangel, gegen die Drohung eines nuklearen Krieges und den Hunger in der dritten Welt wird täglich weltweit protestiert, demonstriert, randaliert. Staatsmandarin und Wissenschaftler konferieren darüber, Gelehrte und Theologen streiten darum, Grüne und Friedensfreunde reiben sich daran. Millionen Menschen leiden darunter, Milliarden Dollar werden dafür ausgegeben.

Dabei sind alle diese Gefahren Sekundär-Gefahren, Mondschein-Drohungen, gespieltes Licht. Sie sind Kinder des einen übermächtigen Unheils, gegen das niemand protestiert, demonstriert und randaliert: Zu viele Menschen.

»Ungelöst«, sagte Aldous Huxley, »wird dieses Problem alle unsere anderen Probleme unlösbar machen.«

»Die Geschichte hat uns niemals zuvor mit einer

solchen Gefahr konfrontiert«, erkannte Englands C. P. Snow.

Zu Beginn dieses Jahrhunderts lebten keine zwei Milliarden Menschen auf dem Globus. Gegenwärtig sind es 4,8 Milliarden. Am Ende des Jahrhunderts, in nur 15 Jahren, werden es über 6 Milliarden sein.

Zu viele Menschen sind der Krebs der Erde: Tödliches Leben, das Übel der Übel.

Sind es heute schon zu viele? Vieles spricht dafür.

Warum läßt die Sache dann die meisten kalt wie der Kuß einer Tante?

Das Verdrängen der Gefahr

»Die Dronte hatte niemals eine Chance. Sie scheint allein zum Zweck des Aussterbens erfunden worden zu sein. Und das war auch alles, was sie vollbrachte.«

Will Cuppy (1899–1949)

Professor Heinz Haber, der nach Weltkrieg II gemeinsam mit Wernher von Braun die Weltraumfahrt Amerikas anschob, brachte bei einem Besuch in meinem Büro einmal eine vielfach geknickte Karte mit. Als er sie entfaltet und auf dem Tisch ausgebreitet hatte, hing sie auf allen Seiten bis auf den Boden herab – mehrere Quadratmeter Papier, übersät mit winzigen Punkten, wie einst ein Kuhstallfenster mit Fliegendreck: ein Himmels-Atlas.

»Und wo sind wir?« fragte ich. Professor Haber deutete mit seinem Kugelschreiber auf einen kleinen Fleck.

»Ach, das ist die Erde«, staunte ich. »Nein«, meinte der Professor nachsichtig: »Das ist unser Milchstraßensystem.«

Unsere Sonne ist in diesem Milchstraßen-System etwa acht Licht-Minuten von uns entfernt. Unsere

Astronomen aber kennen Stand und Bewegungen von Galaxien, die Millionen von Lichtjahre entfernt sind. Unvorstellbar weit reicht ihre Wahrnehmung. Und dennoch weiß bis heute niemand, ob dieses riesige Weltall um uns nun eigentlich endlich oder unendlich ist. Und wäre es endlich – so könnte das ganze Weltall gut und gern nur ein Atom im Bierglas eines Riesen sein, der seinerseits auf einem Stern in einem unermeßlich großen Raum lebt, der seinerseits...

So verloren die Erde im All, so verloren scheinen wir auf Erden. Unser Planet ist nur mit einem dünnen Film überzogen, den wir Leben nennen. »Der Film ist überaus empfindlich«, schreibt H. Brown in »The Challenge of Man's Future«: »So dünn, daß sein Gewicht kaum mehr beträgt als ein Milliardenstel des Gewichts des Planeten, den er umgibt. So dünn, daß ihn Lebewesen auf einem anderen Stern kaum entdecken könnten. Ein kleiner kosmischer Wellenschlag würde das schlaffe Häutchen schnell vernichten.«

Menschen treten in diesem Film noch nicht lange auf. Sie sind Frischlinge der Erdgeschichte. Dem Astronomen Heinrich Siedentopf verdanken wir ein Beispiel, das die Größenordnungen veranschaulicht, mit denen wir es dabei zu tun haben. Er ließ fast fünf Milliarden Jahre Erdgeschichte zu zwölf Monaten zusammenschnurren. Das sieht so aus:

- Im Januar hat sich eine gigantische Gaskugel in Milliarden Weltinseln zerteilt. Eine davon ist unsere Sonne.
- Im Februar bilden sich die Planeten. Einer davon ist unsere Erde.
- Im April scheidet sich auf ihr Wasser vom Land.
- Im Frühsommer entsteht Leben aus der Materie.
- Im Herbst kriechen Fische aus dem Meer auf festen Boden.
- In der letzten Adventwoche herrschen Saurier über unsere Welt. Sie sterben Weihnachten aus.
- Silvester-Abend, eine Viertelstunde vor Mitternacht, erscheint der Neandertaler. Und das, was wir Weltgeschichte nennen – von den Pharaonen bis zur Landung auf dem Mond – füllt die letzten 30 Sekunden des Weltjahres.

»In dieser zeitlichen Perspektive«, so erkannte der ehemalige US-Verteidigungsminister und spätere Weltbankpräsident Robert McNamara, »ist der Mensch nur eine erst kürzlich aufgetretene Erscheinung. Vielleicht ist er sogar nur ein Experiment.«

Ein Lidschlag-Dasein im Sternen-Staub, bedeutungslos in Zeit und Raum – das ist der Menschen Schicksal. Jeder Blick an das nächtliche Firmament erinnert uns an diese Rolle. Und doch fällt es dem Zweibeiner leicht, sich darüber hinwegzusetzen; er nimmt sich wichtig. Der Mensch kennt seine Winzigkeit im Universum. Aber sie stört ihn nicht; er hält sich für relevant.

Ein Beispiel zeigt das wundersame Wirken menschlicher Verdrängungs-Kunst.

Der Mensch weiß – vermutlich als einziges Lebewesen auf Erden – um die Unausweichlichkeit seines eigenen Todes. Aber es paralysiert ihn nicht. Er arbeitet und lacht, widmet Nebensächlichkeiten Stunden, als habe er das ewige Leben. Er sieht fern und streitet sich um den Platz an der Parkuhr. Oder er überlegt, wie er die Zeit totschlagen soll, während sie ihn totschlägt.

Unsere Anteilnahme regt sich für einen AIDS-Kranken, dessen Tage gezählt sind. Einem Todgeweihten gilt unser Mitgefühl. Unzählige Bestseller und Filme beziehen ihre Spannung daraus, daß der Held nur noch eine begrenzte Zeit zu leben hat.

Dabei tragen wir alle den Keim des Todes in uns. Wir alle sind totgeweiht. Wir alle haben nur noch eine gewisse Frist zu leben.

Nichts ist im Menschenleben mit Sicherheit vorhersehbar – außer dem Tod. Jedes Baby beherbergt den Tod schon in seinem kleinen Körper. Das Sterben beginnt mit der Geburt. Leben ist eine tödliche Krankheit.

An jedem Morgen, an dem wir erwachen, stehen wir 24 Stunden näher an unserem Grab als am Tag vorher. Und was tut das Wesen, dessen stärkster

Trieb der Selbsterhaltungstrieb und dessen größte Angst die Todesangst ist? Sind die Straßen mit wimmernden und wehklagenden Exemplaren seiner Art gefüllt? Stößt der Mensch Angstschreie aus, klagt er Gott an, bereitet er sich auf das Jenseits vor, will er nun jeden verbleibenden Augenblick bewußt erleben? Er ärgert sich über seinen verbrannten Toast und die rote Ampel.

Wie der Mensch, so die Menschheit. Seit dem Verschwinden der Saurier vor 65 Millionen Jahren oder der Dronte im 17. Jahrhundert wissen wir: die Art ist sterblich wie der einzelne. Wann, nicht ob ist die Frage. Zu viele Menschen könnten den Anbruch der Endzeit künden. Und was tun die Regierungen als mächtigste Rudelführer der bedrohten Art? Sie streiten über Einfuhrzölle und führen Krieg um die Falkland-Inseln. Das ist ihr Toast und ihre Ampel.

Die Fähigkeit des Menschen, ausweglose Einsichten zu verdrängen – sei es das Wissen um seine Insekten-Existenz im Weltall, sei es das Wissen um die Unabwendbarkeit seines Todes – ist eine Gnade der Schöpfung. Ohne sie wäre das Leben Tortur. Und diese List der Natur, nicht zur Kenntnis zu nehmen, was uns lähmen könnte, ist möglicherweise auch für die Gelassenheit verantwortlich mit der die Menschheit hinnimmt, was ihren Untergang bedeuten mag: Die schnelle und starke Zunahme des Bevölkerungsdruckes.

Das Entstehen der Gefahr

»Sie liebten und taten weiter nichts mehr,
die Erde gab alles freiwillig her.«
Friedrich v. Schiller (1759–1805)

Der Bevölkerungsdruck nimmt zu, wenn die Zahl der Geburten signifikant größer ist als die Zahl der Sterbefälle.

In El Salvador zum Beispiel kamen 1985 auf 42000 Todesfälle 208000 Geburten. Der Unterschied war Überschuß: Bevölkerungs-Explosionen.

Ergebnis: das Land, das 1950 nur 1,9 Millionen Einwohner hatte, wird in 40 Jahren 15 Millionen Einwohner haben.

Wie El Salvador, so die Welt: 1985 entfielen auf 49 Millionen Tote 127 Millionen Babys.

Ergebnis: seit Weltkrieg II hat sich die Erdbevölkerung von 2,4 auf 4,8 Milliarden verdoppelt.

Diese Ergebnisse verdanken wir zwei ausgeprägten Eigenschaften des Menschen: seiner Intelligenz und seiner Potenz. Sie sorgten dafür, daß es immer weniger Tod und immer mehr Leben gab.

Von allen Primaten hat der nackte Affe, wie wir spätestens seit dem gleichnamigen Bestseller der sechziger Jahre wissen, den größten Penis und das größte Hirn. Und beide sind zu gleichen Teilen verantwortlich für die Probleme von El Salvador und der Welt.

Wie nur wenige Säugetiere hat der Mensch permanent Paarungszeit. Und obwohl ein relativ langsamer Brüter, kann das menschliche Weibchen im Lauf ihres Lebens über 20mal gebären.

(Den Weltrekord hält nach dem »Guinness Buch der Rekorde« die erste Frau des russischen Bauern Fjodor Wassilijew, die ihrem Mann zwischen 1725 und 1765 insgesamt 69 Kinder schenkte, darunter viermal Vierlinge; selbst ihre Monarchin Katharina die Große war beeindruckt.)

Während Zeugungs- und Gebärfähigkeit des Menschen durch die Jahrtausende etwa gleich blieben, gelang es seiner Intelligenz durch Forschung, Medizin und Hygiene, den Tod immer weiter zurückzudrängen.

Kein Winkel der Welt, in dem die Kindersterblichkeit nicht abnähme. Noch 1950 starben in Ägypten von 1 000 Neugeborenen 130 im ersten Lebensjahr, heute nicht einmal die Hälfte.

Kein Jahrhundert, in dem die Lebenserwartung nicht zunähme. Als Julius Cäsar geboren wurde, hatte er wie alle Römer seiner Zeit statistisch die

Hoffnung, 30 Jahre alt zu werden. Die Beatles aber machten sich in unserer Zeit zu Recht in einem ihrer erfolgreichsten Songs Sorgen, wer sie noch lieben würde, »when I'm sixtyfour«. Denn die Lebenserwartung in Europa beträgt heute über 70 Jahre.

Das Resultat des menschlichen Doppelsieges von Trieb und Intelligenz in Bett und Labor: jede Sekunde, jede Stunde, jeden Tag werden fast dreimal mehr Menschen geboren als sterben.

Damit ist der Kern der Bevölkerungs-Explosion freigelegt: das menschliche Dasein hat seine Balance verloren. Das natürliche Gleichgewicht von Leben und Tod besteht nicht mehr. Und nur zwei Wege führen zu dem Ziel, Geburt und Tod wieder in Einklang zu bringen: entweder werden weniger Menschen geboren oder mehr Menschen sterben.

Ein Exempel mag erhellen, wie sich die Zerstörung des Gleichgewichts auswirkt: in den Entwicklungsländern kamen 1984 auf 1000 Menschen 11 Tode und 31 Geburten. Das heißt: aus 1000 Menschen wurden 1020. Eine Zunahme um zwei Prozent. Nicht viel, nicht wahr. Nur verdoppelt sich leider jedes Volk mit dieser Zuwachsrate in 34,6 Jahren. Denn Kind und Kindeskind vermehren sich wie Zins und Zinseszins.

Ein diabolischer Widerspruch treibt die Menschen voran, wie Lemminge auf ihrer Wanderung. Unsere Liebe zum Leben ist es, die das Überleben der Art bedroht. Unsere tiefste Empfindung läßt uns die Saat pflanzen, die uns verderben kann. Wir machen unsere Kinder zu Trägern der Gefahr, indem wir zu viele gebären. Und sie, deren kleine Nasen wir heute schon zählen können, sind das spaltbare Material der Bevölkerungsbombe, das in jedem Fall explodiert. Das, was gut in uns ist, zeugt eine böse Welt.

Das Wachstum der Gefahr

»Gott bevorzugt gewöhnlich aussehende Menschen. Darum hat er so viele von ihnen gemacht.«

Abraham Lincoln (1809–1865)

Ein Zyklon trieb Pfingsten 1985 eine fast sieben Meter hohe Flutwelle vor sich her in das Delta des Ganges. Es war die verheerendste Unwetter-Katastrophe der Dekade. Schätzungsweise 25 000 Menschen wurden in Bangladesh getötet. Schwer faßbar scheint die Dimension von Unglück und Leid. Doch wird durch sie zugleich eine andere Zahl vorstellbar: 25 000 Menschen – um so viele Seelen nimmt das hungrige Volk von Bangladesh alle 80 Stunden zu. 25 000 Menschen – sie sind der dortige Geburten-Überschuß von nicht einmal vier Tagen. Nicht einmal vier Tage genügen der Natur in Bangladesh, um eine Lücke aufzufüllen, wie die Flutwelle sie riß.

So wuchert das menschliche Leben.

Ursprünglich hatte der Zweibeiner Mühe, seine Art auf Erden zu erhalten. Die Menschheit nahm nur langsam zu. Heute leben alle zwei Sekunden fünf Menschen mehr auf Erden als vorher; alle Stunde 9 000.

Jeden Tag, wenn die Sonne sinkt, gibt es 215 000 Menschen mehr auf der Welt als am vorangegangenen Abend.

1986 wird der Globus von 77 Millionen Menschen mehr bewohnt sein als 1985.

Einst verstrichen 800 Jahre – von Jesus Christus bis Karl dem Großen – ehe die Menschheit um 50 Millionen Exemplare zugenommen hatte. Heute geschieht das gleiche in acht Monaten.

Einst dauerte es 100 000 Jahre, bis die Menschheit ihre erste Milliarde erreicht hatte. Bis zur zweiten waren es nur noch 120 Jahre. Bis zur dritten 32 Jahre. Und bis zur vierten 15 Jahre ...

»Halb so wild«, sagte der Bauer, als er sich täglich verdoppelnde Seerosen in seinem Tümpel entdeckte: »Der Teich ist ja noch halb leer.«

Am nächsten Morgen war er voll.

Die Apokalyptischen Reiter haben abgesattelt. Seuchen und Kriege schlagen keine nennenswerten Schneisen mehr: Am Ende von Weltkrieg II, dem bisher blutigsten Waffengang der Geschichte, lebten mehr Menschen auf Erden als bei seinem Beginn. Und die durstigsten Blutsäufer der Historie, Stalin und Mao, deren Herrschaft den vorzeitigen Tod von über 100 Millionen Menschen bedeutete, konnten das Wachstum ihrer Völker nicht aufhalten. Auf dem Sterbebett herrschten sie über mehr Untertanen als bei ihrem Amtsantritt.

In den letzten drei Jahrzehnten hat die Weltbevölkerung um mehr Menschen zugenommen, als es um dic Jahrhundertwende insgesamt auf Erden gab. Lesen Sie den letzten Satz noch einmal – dann wissen Sie, wie die Menschheit explodiert. Unter den Säugetieren sind nur die Ratten noch zahlreicher.

Zur Zeit leben 4,8 Milliarden Menschen auf dem Planeten. Wieviel es waren, wieviel es werden, zeigt die folgende Tabelle:

Bevölkerung in Millionen

	1950 n. Chr.	1985 n. Chr.	2025 n. Chr.
Asien	1366	2824	4467
Afrika	223	553	1643
Lateinamerika	165	406	787
Nordamerika	166	264	347
Sowjetunion	180	278	367
Europa	392	492	527
Oceanien	13	25	40
Die Welt	2505	4842	8178

Diese Bevölkerungs-Explosion zeichnet sich durch zwei Erscheinungsformen aus:

- Die Menschheit nimmt rund um den Globus nicht gleichmäßig zu. Sie vermehrt sich rasant in den Entwicklungsländern und nur langsam (wenn überhaupt) in den Industrienationen.
- Die Menschheit, deren Mehrheit seit Anbeginn ihrer Geschichte auf dem Lande gewohnt hat, wird in 15 Jahren erstmals mit ihrer Mehrheit in Städten leben.

Die Explosion in der Dritten Welt

»Hoffnung ist ein gutes Frühstück, aber ein schlechtes Abendbrot.«

Francis Bacon (1561–1626)

Im Februar 1839 notierte die 19jährige Queen Victoria in ihrem Tagebuch: »... Walter Scott sagte: Warum die armen Leute behelligen? Laßt sie in Ruhe ...«

Ob wir die armen Völker 1986 behelligen oder nicht: Sie werden uns nicht in Ruhe lassen. Denn durch die Bevölkerungs-Explosion werden die Spannungen zwischen armen und reichen Ländern immer größer. Die Industrie-Nationen werden zu Inseln in einer steigenden Flut notleidender Leiber.

1980 machte der Anteil der Industrie-Nationen an der Weltbevölkerung etwa 23 Prozent aus. In 40 Jahren wird er auf 15,5 Prozent abgesunken sein.

1980 standen etwa eine Milliarde Menschen in den Industrie-Nationen etwa 3,5 Milliarden in den Entwicklungsländern gegenüber. In 40 Jahren wird das Verhältnis rund 1,3 zu 6,9 Milliarden sein.

Während in Europa die Bundesrepublik in den nächsten 40 Jahren von 61 auf 53 Millionen abnehmen dürfte, wird in Afrika Nigeria von 95 Millionen auf 338 Millionen anschwellen.

Das Land, dessen Bevölkerung zur Zeit am schnellsten wächst, ist Kenia. 1950 lebten dort keine sechs Millionen. Heute sind es 20 Millionen. Und in siebzehn Jahren werden es 40 Millionen sein.

Indien, in dessen Grenzen keine 400 Millionen wohnten, als es 1947 aus der Kolonial-Herrschaft in die Unabhängigkeit entlassen wurde, hat heute doppelt soviel Einwohner. Und in etwa 60 Jahren wird es mit 1,5 Milliarden noch vor China volkreichster Staat der Erde sein.

Angesichts des enormen Bevölkerungszuwachses in den Entwicklungsländern ist die geringe Bevölkerungszunahme in den Industrie-Nationen kein Trost. Im Gegenteil: sie verschärft die Situation. Denn sie bedeutet: jene Minderheit, deren Wissen und Produktion für Versorgung und Überleben der Mehrheit von entscheidender Bedeutung ist, wird prozentual (wenn nicht absolut) immer kleiner. Und umgekehrt: die Massen der armen Völker, die von Hunger und Krankheit gezeichnet, Hilfe brauchen, werden immer mehr. Mit der Kopfzahl wachsen Macht und Ansprüche.

»Hurra für die, die nie etwas erfanden«, sang in den sechziger Jahren der Poet und »Negritude«-Erfinder Aime Cesaire aus Martinique: »Hurra für die, die nie etwas erforschten. Hurra für die, die nie etwas eroberten.«

Hurra, hurra, hurra! Aber haben wollen sie nun auch ihren Teil von dem, was andere erfanden, erforschten, eroberten.

Denn die Armen dieser Welt wissen vielleicht wenig. Rund eine Milliarde Erwachsene in den Entwicklungsländern sind Analphabeten. Doch sie wissen, daß es ein besseres Leben gibt und daß die Menschen in den Industrie-Nationen es führen.

Die Industrie-Nationen, in denen nur etwa ein Viertel der Weltbevölkerung lebt, erstellten 1980 mehr als Dreiviertel (77 Prozent) der Weltproduktion. Fast die Hälfte der Menschheit in den hungrigsten Entwicklungsländern (47 Prozent) produzierte dagegen nur fünf Prozent.

Das Pro-Kopf-Einkommen in den USA stieg von 1955 bis 1980 inflationsbereinigt von 7000 auf 11500 Dollar, das in Indien von 170 auf 260 Dollar. Aus 6830 Dollar Unterschied wurden 11240 Dollar Unterschied.

Das Pro-Kopf-Einkommen im reichsten Land der Erde ist heute 220 mal höher als im ärmsten.

Das Bruttosozialprodukt pro Kopf betrug 1983 im Tschad 80 Dollar, in der Schweiz 16390 Dollar.

In jeder Konferenz zwischen Industrie-Nationen und Entwicklungsländern werden daher die Hilfe-

Schreie der Armen lauter, dringlicher und fordernder. Schon haben sie die Mehrheit in der UNO. Schon ruft Castro die Dritte Welt auf, ihre Schulden nicht mehr zu bezahlen. Und morgen?

Eine fatale Frontstellung hat sich ergeben: einer im Überfluß lebenden, überalterten und etwas verdorbenen Minderheit, der die Schätze dieser Welt und ihre Vernichtungswaffen gehören, steht in den Entwicklungsländern eine wachsende Mehrheit gegenüber, die halberwacht und halbverhungert die größten Kontinente zu füllen beginnt.

Die klassische vor-revolutionäre Situation ist global vorhanden: die Reichen werden reicher, die Armen werden mehr. Wann und wo immer in der Geschichte solche Zustände herrschten, haben sie zu einer Veränderung der Verhältnisse geführt, sei es durch Tinte, sei es durch Blut.

Die Explosion in den Städten

»Gott schuf das Land,
der Mensch die Stadt.«
William Cowper (1731–1800)

Die zweite folgenträchtige Erscheinungsform der Bevölkerungs-Explosion ist die Landflucht.

1950 wohnten 29,4 Prozent der Weltbevölkerung in Städten, 1980 waren es 39,9 Prozent und um das Jahr 2000 wird die urbane Minderheit zur Mehrheit geworden sein.

In 40 Jahren – so die »World Population Prospects« der UNO – werden fast zwei Drittel der Menschheit in Städten leben: 62,5 Prozent von dann insgesamt 8,2 Milliarden.

In den Entwicklungsländern wachsen die Städte schon heute fast doppelt so schnell wie die Gesamtbevölkerung.

In Latein-Amerika hausen bereits zwei Drittel der Bevölkerung in Städten.

»Hell is a city, much like London«, schrieb einst Percy Bysshe Shelley, »a populous and smoky city.« Er hätte Seoul von 1986 sehen sollen, oder Kalkutta, dessen Millionen in der Monsunzeit knietief durch eigene Exkremente waten.

Sao Paulo, das 1950 kleiner als Neapel war, hat alle Aussicht, in 15 Jahren mit über 25 Millionen die zweitgrößte Stadt der Welt zu sein.

Und London, das 1950 mit 10 Millionen die zweitgrößte Stadt der Welt war, wird dann nicht einmal mehr zu den 25 größten Städten der Welt gehören.

So jedenfalls steht es im Jahresbericht der Weltbank von 1984. Danach gab es 1975 sieben Städte mit mehr als zehn Millionen Einwohnern: New York, Mexico City, Los Angeles, London, Tokio, Shanghai und Sao Paulo. In 15 Jahren aber soll es 25 Städte mit mehr als 11 Millionen geben.

Dies ist die Weltbankliste der 25 Städte, die im Jahr 2000 über elf Millionen Einwohner haben werden:

Mexico City	31,0 Millionen
Sao Paulo	25,8 Millionen
Tokio	24,2 Millionen
New York	22,8 Millionen
Shanghai	22,7 Millionen
Peking	19,9 Millionen
Rio de Janeiro	19,0 Millionen
Bombay	17,1 Millionen
Kalkutta	16,7 Millionen
Djakarta	16,6 Millionen

Seoul	14,2 Millionen
Los Angeles	14,2 Millionen
Kairo	13,1 Millionen
Madras	12,9 Millionen
Manila	12,3 Millionen
Buenos Aires	12,1 Millionen
Bangkok	11,9 Millionen
Karachi	11,8 Millionen
Delhi	11,7 Millionen
Bogotá	11,7 Millionen
Paris	11,3 Millionen
Theheran	11,3 Millionen
Istanbul	11,2 Millionen
Osaka	11,1 Millionen
Bagdad	11,1 Millionen

Dürre Zweifel nur sind möglich: Für den Frieden in der Welt ist diese Entwicklung bekömmlich wie ein Hai im Swimmingpool. Die künftigen Ballungszentren werden nicht mehr Metropolen einer Hochkultur sein, sondern Brutstätten von Elend und Brutalität, Verzweiflung und Verbrechen.

Kriminalität und Vandalismus, Selbstmord und Kindesmißhandlungen, Prostitution und Ehescheidung sind heute schon in Städten um ein Vielfaches häufiger als auf dem Land; in New York werden in einem einzigen Jahr 380 000 Telefonzellen willkürlich demoliert.

Einst ließ der Herr Feuer vom Himmel regnen, um Sünde und Laster in Sodom und Gomorrha zu tilgen, die zu den ersten Städten der Menschheit zählen. Die Städte der Zukunft versprechen nicht weniger Verderbnis. Die in ihren Slums vegetierenden Millionen-Heere von Arbeitslosen sind ein Ferment der Dekomposition, Dynamit für jede Stabilität.

Die internationale Arbeitsorganisation ILO beziffert die Zahl der Arbeitslosen in den Entwicklungsländern heute mit 500 Millionen und rechnet damit, daß es in 15 Jahren eine Milliarde sein wird. Ihre Mehrheit wird in Städten vegetieren. Das sind Revolutions-Armeen von bisher nicht gekannter Stärke.

Übervölkerungs-Folge
Armut

»Sicherheit, die erste Vorbedingung der Zivilisation, kann es dort nicht geben, wo die schlimmste der Gefahren, die der Armut, über jedermanns Haupt sich webt.«
George Bernhard Shaw (1856–1950)

Die erste unmittelbare Übervölkerungs-Folge ist Elend, das sich selbst erhält. Je mehr Kinder, um so größer der Teil, den sie vom Bruttosozialprodukt aufessen. Nimmt die Kinderzahl schneller zu als das Bruttosozialprodukt, wird das Land ärmer statt reicher. Jede Entwicklung wird dadurch verlangsamt, jeder Fortschritt gebremst. Das aber merkt der einzelne in den Entwicklungsländern nicht. Im Gegenteil: Kinder sind für ihn nicht Quelle der Armut. Kinder gelten als Reichtum des armen Mannes. Darum kann er nicht genug davon haben. Sie können für ihn verdienen und arbeiten, für ihn betteln und stehlen. Sie sind seine Altersversorgung. Sie künden von seiner Macho-Stärke. Und ihre Zeugung ist eine seiner wenigen Freuden.

»Unzucht ist das Vergnügen armer Leute«, erklärte Brasiliens UNO-Botschafter Josue de Castro. Über 50 Prozent aller Mädchen zwischen 15 und 19 in Äthiopien sind verheiratet. In Kenia hat eine Frau im Durchschnitt acht Kinder. Und in Indien gibt es in Hunderttausenden von Dörfern ohne Elektrizität nach Einbruch der Dunkelheit nur noch einen Zeitvertreib. Was wiederum zur Folge hat, daß Indiens Bevölkerung jeden Monat um über eine Million zunimmt. 1985 betrug Indiens Jahreszuwachs an Menschen 14,5 Millionen – soviel Menschen wie Holland Einwohner hat.

Armut schafft Übervölkerung, Übervölkerung schafft Armut. Das ist das Teufelskarussell der Dritten Welt.

Ähnlich verhält es sich beim Hunger. Er ist die lebensbedrohendste Form der Armut.

Die Bürger in der Bundesrepublik nehmen heute – laut FAO – im Durchschnitt täglich 3 330 Kalorien zu sich, in Bangladesh 1 837. Die Menschen erhalten in den Industrie-Nationen mit ihrer Nahrung täglich etwa 90 Gramm Proteine, in den Entwicklungsländern etwa 40 Gramm.

Diesen Proteinen, die der menschliche Organismus braucht, kommt in der Hungertragödie dabei eine besondere Rolle zu. Sie setzen sich aus acht wichtigen Aminosäuren zusammen, die in nahezu allen Lebensmitteln zu finden sind – allerdings in höchst unterschiedlicher Zusammensetzung. Die Proteine in tierischen Produkten (Milch, Eier,

Fleisch, Fisch) sind für die Bildung des menschlichen Körper-Eiweißes am günstigsten zusammengesetzt.

In den Industrie-Nationen gelten Speisen mit hohem Proteingehalt – wie Austern oder Tartar – traditionell als potenzfördernd. Tatsächlich scheint Eiweiß-Überfluß jedoch die Fruchtbarkeit zu drosseln. Zwei Indizien:

- Das Land mit einer der niedrigsten Geburtenquoten Lateinamerikas ist zugleich das Land mit dem höchsten Proteinkonsum – das Rindfleischessende Argentinien.
- Als Columbus die Neue Welt entdeckte, lebte höchstens eine Million Indianer in Nordamerika. Da sie günstiges Klima hatten, unbegrenzt Land, reichlich Nahrung und wenig natürliche Feinde, gibt es für ihre geringe Zahl bisher keine plausible Erklärung – es sei denn diese: sie stopften sich mit Büffelfleisch voll, mit Proteinen.

Wichtiger aber als die möglichen Resultate von Eiweißüberfluß sind in diesem Zusammenhang die Resultate von Eiweißmangel.

In »The American Journal of Physiology« wurde das Ergebnis eines Ratten-Tests veröffentlicht. Sechs Generationen hindurch waren die Tiere mit unterschiedlichen Protein-Mengen ernährt worden. Bei Ratten, deren Nahrung zu 22 Teilen aus Protein bestand, betrug die durchschnittliche Zahl der Jungen 13,8. Bei den Ratten, deren Nahrung nur zu 10 Teilen aus Protein bestanden hatte, aber 23,3.

Vergleichbare Untersuchungen für Menschen liegen nicht vor. Doch die hohen Geburtenraten in den Gebieten, in denen starker Proteinmangel herrscht – wie in Afrika oder Asien – lassen es als wahrscheinlich erscheinen, daß für den Homo sapiens das Gleiche gilt wie für die Ratten: die aufs Überleben ausgerichtete Natur schenkt dort besonders vielen Kindern das Leben, wo Hunger und Mangelernährung die meisten Opfer fordern.

Der circulus vitiosus von Armut und Bevölkerungszuwachs scheint sich damit bei der Ernährung zu wiederholen: Übervölkerung schafft Hunger, Hunger schafft Übervölkerung. Der Kreis des Unheils hätte sich zum zweiten Mal geschlossen.

Übervölkerungs-Folge Hunger

»Nichts unbändiger denn die Wut des leidigen Magens, der an seinen Bedarf mit Gewalt jedweden erinnert.«

Homer (8. Jahrhundert v. Chr.)

Nach Schätzungen der FAO, der UNO-Organisation für Ernährung und Landwirtschaft, leiden insgesamt etwa 500 Millionen Menschen an Hunger oder Mangelernährung – wobei allerdings jede Definition unscharf ist, wann beides beginnt.

Niemand kennt die genauen Zahlen. In jedem Fall sind sie grauenerregend. Nach Angaben der Deutschen Gesellschaft für die UNO sterben jährlich 30 Millionen Menschen an direkten und indirekten Folgen des Hungers.

»Hunger«, so sagte US-Präsidentschaftskandidat George McGovern, »ist der Chief-Killer der Menschheit.« Und in »Global 2000«, einem wissenschaftlichen Bericht für den amerikanischen Präsidenten, hieß es 1980: »Schon heute hat die Bevölkerung in Afrika südlich der Sahara und im asiatischen Himalaya die Belastbarkeit ihrer unmittelbaren Lebensräume überschritten, was die Möglichkeit des Landes, das Leben der auf ihm wohnenden Menschen zu sichern, zunehmend eingeschränkt.«

Die Hungersnöte in der Sahel-Zone und in Äthiopien bestätigen inzwischen die Prognosen der Wissenschaftler.

Die vielbeklagte Äthiopien-Katastrophe des Jahres 1985 – ausgelöst durch Dürre, verschärft durch Diktatur – war im Kern nichts als ein Übervölkerungs-Resultat: die Bevölkerung war von 16 Millionen 1950 auf 36 Millionen 1985 angewachsen. Zuviel für den kargen Boden. Hunderttausende starben und flohen. In den Industrie-Nationen wurde ein Rockkonzert veranstaltet, um die Not zu lindern.

Wir werden noch viele Konzerte geben können. Denn solche Hungersnöte werden sich immer häufiger, immer häßlicher wiederholen, solange die Menschheit wächst. Je mehr Menschen es gibt, um so mehr Hungersnöte wird es auf unabsehbare Zeit geben.

Tiere kennen kurzfristigen Hunger durch Dürre, Überschwemmungen oder Kälte. Nur der Mensch kennt Hunger als lebenslanges Schicksal. Der Hunger liebt, den schwächsten Feind zu schlagen: die Kinder. Nach Schätzungen der UNICEF aus dem Jahr 1982 sterben jedes Jahr 15 Millionen Kinder unter fünf Jahren in den Entwicklungsländern durch Hunger und Infektionskrankheiten. Daraus ergeben sich über 41 000 Sterbefälle pro Tag. Sie geistern seither als jugendliche Hungertote durch die Presse. Sicher ist es eine falsche Zahl, weil unklar bleibt, wie viele Kinder darunter sind, die nicht mangelernährt waren oder bei deren Tod Mangelernährung nicht den Ausschlag gab. Und doch eine erschreckende Zahl, weil sie das Ausmaß kindlichen Leidens schemenhaft deutlich werden läßt.

In den tropischen Regionen Afrikas südlich der Sahara stirbt eines von fünf Kindern vor Vollendung des ersten Lebensjahres. Das ist eine Säuglings-Sterblichkeit von 20 Prozent.

Wer sie gesehen hat, die kleinen Opfer des Hungers, kann sie nie vergessen: den Bauch zur Trommel gebläht, Arme und Beine dürren Ästen gleich abgespreizt, hocken sie apathisch am Wegrand. Die Haut springt auf, Haare fallen aus, die Augen sind abnorm geweitet. Kindliche Spiele interessieren sie nicht.

In Peru kauen die Kinder die teeähnlichen Blätter des Koka-Strauches. Denn die bestehen zu einem Prozent aus Kokain. Und das Gift, das erst süchtig macht und später zum Wahnsinn treibt, betäubt, was sie quält: den Schmerz des Hungers.

In Indien läßt Vitaminmangel Kinder erblinden. In Afrika führt Nährstoffmangel zu Zwergwuchs bei Kindern. In allen Entwicklungsländern verkrüppelt Proteinmangel Kinder.

Bei der Besichtigung von Slums in den Midlands

sagte Winston Churchill in jungen Jahren: »Sich vorzustellen, in einer dieser Straßen zu leben: niemals etwas Schönes sehen, niemals etwas Erlesenes essen, niemals etwas Gescheites sagen.« Noch als Snob intuitiv hatte Churchill vorweggenommen, was die Wissenschaft erst nach seinem Tod zaghaft zu erkennen wagte: Mangelernährung vermag nicht nur den Körper, sondern auch das Hirn zu schwächen. Ein Ozean von Tränen verbirgt sich hinter diesem Satz.

Das menschliche Hirn beginnt schon vier Wochen nach der Empfängnis zu wachsen. Mit vier Jahren, wenn der Körper erst 20 Prozent seiner Gesamtgröße erreicht, hat das Gehirn schon 80 Prozent seines Gesamtvolumens. Bei einem Siebenjährigen ist es fast ausgewachsen. Dieses schnelle Wachstum erfordert in der Nahrung einen hohen Prozentsatz von Protein. Fehlt er, können fehlernährte Kinder oder Kinder fehlernährter Mütter irreparable Schäden davontragen, daß ihre »körperliche und geistige Entwicklung stark beeinträchtigt ist« (UNO).

»Kwashiorkor« heißt diese Geißel der Entwicklungsländer in Westafrika. Zu deutsch: die Krankheit, die das Kind entwickelt, wenn ein weiteres geboren wird.

Von den 350 Millionen Kindern unter fünf Jahren in den Entwicklungsländern leiden nach Schätzungen der Weltgesundheitsorganisation 40 Millionen, nach Schätzungen der UNICEF 175 Millionen unter Proteinmangel.

Nach einer im August 1985 veröffentlichten Studie der Protibondhi-Stiftung ist jedes vierte Kind der Landbevölkerung von Bangladesh durch Unterernährung geistig oder körperlich behindert – über 25 Millionen Kinder.

Übervölkerungs-Folge Gewalt

»›Laßt uns bis sechs Uhr kämpfen und dann zu Abend essen‹, sagte Tweedledum.«
Lewis Carroll (1832–1898)

Armut und Hunger gebären Gewalt. Als Weltbankpräsident ließ Robert McNamara wissenschaftlich untersuchen, ob eine Kausalität zwischen den drei Größen bestehe. 164 größere Konflikte, die in den Jahren zwischen 1958 und 1966 den Bestand von jeweils mindestens einem Staat bedroht hatten, wurden analysiert. Das Ergebnis: in über 85 Prozent der Gewaltaktionen waren sehr arme Staaten verwikkelt, in denen Hunger herrschte. McNamara diagnostizierte »eine direkte und permanente Beziehung« zwischen Armut, Hunger und Gewalt.

Wir hungern nach Macht, nach Liebe, nach Reichtum. Aber wenn wir hungern, ist alles andere vergessen. Hunger weckt die Instinkte des Menschen, narkotisiert sein Gewissen und sprengt die dünne Kruste der Zivilisation ab. Hunger verwandelt Väter in Diebe, Mütter in Prostituierte, Kinder in Bettler. Er ist stärker als männliche Ehre, weibliche Scham und kindliche Unschuld. Durch ihn wird die Welt zur Dreigroschen-Oper: »Erst kommt das Fressen, dann die Moral.«

Von allen Ur-Instinkten war der Freßtrieb der erste, der ins Bewußtsein der Menschen drang. Er erkannte die Abhängigkeit seines Lebens von der Nahrungsaufnahme lange, bevor er um den Zusammenhang von Zeugung und Geburt wußte. Der Körperteil, der die Nahrung aufnimmt, wurde wichtigstes Kommunikationsmittel des Zweibeiners: der Mund spricht, lacht, singt, schmollt, liebkost und verzerrt sich. Der Körperteil, der die Nahrungsreste ausscheidet, diente dagegen in den meisten Erdteilen als Sinnbild der Verachtung, lange bevor der Ritter Götz daherkam.

Hunger, so alt wie die Welt, war stets eine der kraftvollsten Triebfedern im Uhrwerk der Geschichte.

Hunger hat den Menschen vom Baum klettern, ihn Jäger, Hirt und Bauer werden lassen. Hunger macht ihn wieder zum Tier. Hunger verändert das Wesen von beiden: sie werden angriffslustiger.

Im Nordosten Brasiliens attackierten während der Dürre von 1792 Fledermäuse Menschen, und während der Dürre von 1877 griffen Hunderte von sonst scheuen Klapperschlangen bäuerliche Siedlungen an. Im spanischen Bürgerkrieg fielen streunende Hunde über Menschen her. Trockenheit in Transvaal ließ fleischfressende Nachttiere auch bei Tag jagen.

Wie das Tier, so der Mensch. Ein hungriger Bauch hat keine Ohren. »Ein hungerndes Volk«, so lehrte Seneca seinen Schüler Nero in Rom, »hört nicht auf die Vernunft und kümmert sich nicht um Gerechtigkeit.«

Die Jahrhunderte haben daran nichts geändert. Als General Douglas McArthur nach dem Weltkrieg II. US-Oberkommandierender im hungernden Japan wurde, bat er Washington lakonisch um mehr Lebensmittel oder zwei zusätzliche Besatzungsdivisionen.

»Es ist mit Hungerrevolutionen im großen Ausmaß zu rechnen«, warnte der Göttinger Professor Hans Wilbrandt schon in den sechziger Jahren vor der Entwicklung in der Dritten Welt. »Sie dürften kaum an einer Staatsgrenze haltmachen.«

Und vor seiner Verbannung nach Sibirien diagnostizierte der sowjetische Atomforscher und Nobelpreisträger Andrej D. Sacharow die unumgängliche Folge einer großen Hungerkatastrophe: »Sie wird eine Welle von Kriegen und Haß provozieren.«

»Hunger wird nicht länger die leise Art zu sterben sein«, erkannte in jenen Jahren der Ex-Planungschef der US-Entwicklungshilfe Herbert Waters über die Qualität des Hungers durch Übervölkerung: »Hunger kann zum millionenfach widerhallenden Lärm des Aufruhrs und der Gewalttat werden.«

Sein Staatschef gab ihm recht. »Die Drohung des Verhungerns bringt Menschen gegen Menschen auf und Bürger gegen ihre Regierungen«, schrieb Amerikas Präsident Lyndon B. Johnson in seinem letzten Amtsjahr: »Sie führt zum Aufruhr und zur politischen Gewalt.«

Noch niemals in der Geschichte aber lebten mehr Menschen im Elend, waren mehr Menschen der Drohung des Verhungerns ausgesetzt als 1986.

Übervölkerungs-Folge
Atomkriegs-Gefahr

»Laßt Venus gewähren, sie wird Mars zu Euch führen.«

Henri Bergson (1859–1941)

Die Geschichte des Zweibeiners ist die Geschichte seiner Grausamkeit – vom Bau der Pyramiden bis zur Zwangsarbeit in Sibirien.

Carlos, der Infant Philipp II., befahl, ein Paar Schuhe, das ihm zu eng angemessen worden war, zu zerstückeln, zu kochen und dem Schuster zu essen zu geben. Sultan Suleiman der Prächtige sah durch einen Schleier zu, wie sein Sohn in seinem Auftrag erdrosselt wurde.

»Ich verbiete, daß irgend jemand für ein Verbrechen getötet oder gehangen wird«, ordnete William der Eroberer gnädig an: »Man soll ihnen die Augen ausreißen und die Hoden abschneiden.«

Marats Mörderin Charlotte Corday wurde durch die Guillotine hingerichtet. Ein Henkersknecht zeigte ihr blutendes Haupt den Zuschauern – und ohrfeigte es.

Kein Tier kennt die Folter, nur der Mensch. Er zog dem Feind die Nägel aus, warf ihn lebendig Krokodilen vor oder goß ihm Jauche in den Schlund, ließ Fußsohlen von Ziegen ablecken und Genitalien an einen Stromkreis anschließen.

Während der Indianer-Kriege übersandte der britische Captain Ecuyer von den Royal Americans zwei rothäutigen Häuptlingen als Aufmerksamkeit zwei Decken aus dem Pockenlazarett.

Der Herzog von Valencia, Ramon Maria Narvaetz, beruhigte auf dem Totenbett seinen Beichtvater, der ihn bat, seinen Feinden zu vergeben: »Nicht nötig. Ich habe sie alle umgebracht.«

Von Cyrus Sulzberger ist überliefert, wie in einem sowjetischen Gefängnis die Wärter einem Häftling sechs glühende Zigarettenstummel in den Mund stopften. Dann urinierte ein Wärter in eine Tasse, sagte: »Jetzt werden wir löschen« und goß den Tasseninhalt dem Häftling in den Mund.

Deutscher Sadismus entlud sich in den Konzentrationslagern des Dritten Reiches. Um der SS ihre grausame Arbeit zu erleichtern, wurden Häftlinge gezwungen, sich mit eigenen Exkrementen zu besudeln, damit sie möglichst wenig Ähnlichkeit mit dem gewohnten Menschenbilde hatten. Denn, so erkannte Hannah Arendt: einen Hund tötet man leichter als einen Menschen, noch leichter Ratte oder Frosch. Und bedenkenlos ein Insekt.

Menschen wurden von Menschen geköpft und gehängt, gevierteilt, gepfählt und gekielholt, wurden ans Kreuz genagelt, geteert und gefedert, erschlagen und vergast. »Ein toter Feind – riecht immer gut«, sagte Karl IX. nach der Bartholomäusnacht an der verwesenden Leiche von Admiral Coligny.

Als Zeiten besonders bemerkenswerter Barbarei erwiesen sich dabei stets Zeiten von Umbruch und Revolution:

- Jean de Vanette berichtet in seiner »Chroniques« über die Taten von Bauern während der Jacquerie-Aufstände des Jahres 1358: »Sie töteten und rösteten einen Ritter vor den Augen seiner Frau und seiner Kinder. Dann, nachdem zehn oder zwölf der Frau Gewalt angetan hatten, zwangen sie sie, von dem Fleisch ihres Mannes zu essen. Dann töteten sie sie.«
- Anwalt Maton de la Varenne berichtet in seinen Memoiren über die September-Mörder der Französischen Revolution 1792: »Eine Frau kam mit einem Korb voll Brötchen vorbei; sie nahmen sie ihr weg und tauchten jeden Bissen in die Wunden ihrer noch zuckenden Opfer.«

Es erscheint sinnvoll, sich ins Gedächtnis zu rufen, wozu Menschen fähig sind, wenn man die Zukunft einer übervölkerten Welt anvisiert. Überlebenskonflikte von ungewöhnlicher Härte scheinen in ihr nicht ausgeschlossen. »In die Drohung unangemessenen Bevölkerungswachstums ist die Drohung der Gewalt verwoben«, analysierte Amerikas ehemaliger und späterer Weltbankpräsident Robert McNamara.

Der französische Naturforscher Jean Dorst schloß aus »dem tragischen Ende aller sich übermäßig vermehrenden Tierarten« auf die Menschen: »Kriege aus biologischen Gründen könnten eine der von unserer Art verwendeten Form sein.«

Das grausame Menschengeschlecht hat auch bereits die einer übervölkerten Welt adäquaten Massenvernichtungsmittel in sein Arsenal genommen: die angehäufte nukleare Kraft von rund 52400 Sprengköpfen reicht aus, den Planeten aus seiner Bahn zu sprengen.

Wahrscheinlich war es nur das Grauen von Hiroshima, das die Welt bisher vor einem Atomkrieg bewahrt hat. In jedem Fall haben die Großmächte in den vergangenen 40 Jahren eine gewisse Reife im Umgang mit der atomaren Kraft erreicht. Aber was, wenn die Generation regiert, die Hiroshima nicht mehr erlebt hat? Was ist mit Regierungen, die in Besitz der Bombe gelangen und deren Untertanen Raum, Wasser und Nahrung ausgehen? Bevor sie verhungern, wenden Völker Gewalt an, lehrt die Geschichte. Würde sie, die wenig oder nichts zu verlieren haben, der atomare Toten-Zoll noch schrecken?

WHO, die Weltgesundheitsorganisation der UNO, hat geschätzt, daß ein Atomkrieg etwa 1,1 Milliarden Tote fordern würde.

Die Menschheit würde bei ihrer derzeitigen Zuwachsrate keine 15 Jahre benötigen, um eine Milliardenlücke aufzufüllen.

»Die Atombombe ist ein Papiertiger«, sagte Mao zu Anna Louise Strong: »Sie erscheint furchterregend, aber sie ist es in Wahrheit nicht.«

Krieg ist nicht mehr aller Dinge Vater, wie Heraklit meinte, aber sicher noch immer die »äußerste Form des Wettbewerbs« (Will Durant).

Konrad Lorenz meint: »Sähe man als voraussetzungsloser Beobachter den Menschen, wie er heute dasteht, in der Hand die Wasserstoffbombe, die ihm sein Geist beschert hat, im Herzen den von Anthropoiden-Ahnen ererbten Aggressionstrieb, den seine Vernunft nicht zu meistern vermag, man würde ihm kein langes Leben voraussagen!«

Übervölkerungs-Folge Rohstoffmangel

»Die Beziehungen des modernen Menschen zur Erde sind nicht wie die von Partnern einer Symbiose, sondern wie die eines Bandwurms zum Hund, den er befallen hat, oder des Mehltaus zur Kartoffel, die er angesteckt hat.«

Aldous Huxley (1894-1963)

Je mehr Menschen auf Erden leben, um so mehr Rohstoff-Reserven werden verbraucht. Viele von ihnen regenerierten sich überhaupt nicht – wie etwa Gold oder Erdöl. Andere regenerieren sich – wie etwa Holz oder Süßwasser. Doch wenn zu viele Menschen auf Erden leben, werden auch die regenerierbaren Rohstoffe weniger: im Raubbau ausgebeutet nehmen sie schneller ab, als sie nachwachsen können.

Als erster Rohstoff wird das Holz knapp. In Tansania sammelt die Durchschnittsfamilie bereits an 250 Tagen im Jahr Feuerholz. In West-Afrika, wo Familien traditionell zwei warme Mahlzeiten am Tag aßen, können sie heute nur noch eine kochen. In China leiden etwa 300 Millionen Menschen bis zu sechs Monaten im Jahr unter Feuerholz-Mangel. Für etwa 1,3 Milliarden Menschen in Entwicklungsländern ist Feuerholz der wichtigste Brennstoff. Wo sie wohnen, wird das Holz schneller geschlagen, als es nachwächst. Und wo das geschieht, wächst die Wüste.

Auch bei sich nicht regenerierenden Rohstoffen ist die Lage ernst (wenngleich nicht hoffnungslos). Der »Club of Rome« hat ausgerechnet, wie lange die Reserven reichen würden, wenn sie fünfmal so groß wären wie die bisher bekannten Vorräte und der Verbrauch entsprechend dem gegenwärtigen Bevölkerungswachstum zunähme. Dabei kam folgende Aufstellung heraus:

Aluminium	55 Jahre
Kupfer	48 Jahre
Gold	29 Jahre
Eisen	173 Jahre
Silber	42 Jahre
Quecksilber	41 Jahre
Zinn	61 Jahre
Kohle	1 000 Jahre

Das gegenwärtige Niveau unseres Wohlstandes hängt fraglos mit von der Verfügbarkeit dieser und anderer Stoffe ab. Dennoch ist ihr begrenztes Vorkommen noch nicht alarmierend:

- Der Mensch hat die Erdkruste noch lange nicht durchforscht: Noch in Jahren werden neue Rohstoff-Lager entdeckt werden.

- Der Mensch kann viele Rohstoffe durch Kunststoffe ersetzen: wie Wolle durch Nylon, Metall durch Plastik, Öl durch Atomkraft.
- Der Mensch weiß heute schon, daß in dem allgemein vorkommenden Gestein Granit und in dem allgemein vorkommenden Meerwasser 63 der in der Natur vorkommenden 92 Elemente vorhanden sind, wenn auch in geringer Konzentration. Auf lange Sicht kann er sie daraus gewinnen.

Der nächste wirkliche Engpaß droht dort, wo Überfluß zu herrschen scheint: beim Wasser. Sieben Zehntel der Erdoberfläche sind davon bedeckt. Aber 97 Prozent davon sind Salzwasser. Und von den verbleibenden 3 Prozent wiederum ist über die Hälfte im Eis der Antarktis und Grönland eingefroren. So haben die Menschen wenig von dem, was sie brauchen: Süßwasser.

Ihr Süßwasser-Bedarf jedoch ist enorm. Etwa 7 000 Liter Wasser verbraucht ein Amerikaner pro Tag, etwa 15 000 Liter sind für die Erzeugung eines Pfundes Rindfleisch notwendig – zum Wässern der Futterpflanzen, als Trinkwasser und bei der Fleischverarbeitung.

Zwar verdampfen täglich aus den Ozeanen etwa 875 Kubik-Kilometer Wasser, von denen etwa 100 Kubik-Kilometer über dem Lande niedergehen. Dennoch sinkt in vielen Gebieten der Grundwasserspiegel. Unser Wasser-Kapital nimmt ab.

Die Technik hilft. In nahezu allen Großstädten kann verbrauchtes Wasser geklärt und wieder aufbereitet werden, so daß so mancher Schluck Wasser, der getrunken wird, vorher schon mal durch einen anderen Körper gelaufen ist.

Die Technik macht es auch möglich, Meerwasser zu entsalzen und zur Bewässerung in Süßwasser zu verwandeln. Noch ist das Verfahren allerdings so teuer, daß sich der Raubbau am Grundwasser mehr lohnt.

Auf Dauer aber läßt die Bevölkerungs-Explosion keine halben Lösungen zu. Wenn sich die Menschheit verdoppelt, braucht sie doppelt so viel Süßwasser. Mehr als wir heute haben. Mit einer ernsthaften Versorgungskrise für Frischwasser ist denn auch in Teilen der Welt bereits in etwa zehn Jahren zu rechnen.

Zusätzliche Schubkraft erhält die Knappheit durch die Verseuchung. Nicht nur beim Wasser, auch bei Luft und Boden. Und diese Vergiftung der Elemente ist zweifellos noch bedrohlicher als die Plünderung des Planeten.

Übervölkerungs-Folge Umweltzerstörung

»Wir glauben, daß wir ein Gewitter erleben, in Wahrheit aber ändert sich das Klima.«
Terlhard de Chardin (1881-1955)

Die Naturkatastrophen häufen sich: Vulkan-Ausbrüche, Erd- und Seebeben, Flutwellen und Hurricane bisher unbekannter Stärke. Das Klima zeigt erratische Ausschläge: Dürre und Überschwemmungen, Schneemassen und Hitzeperioden.

Der Wald ist in vielen Regionen krank. Tierart auf Tierart stirbt aus. Öko-Systeme werden zerstört. Flüsse und Seen kippen um. Smog-Tote in London und Los Angeles. Ölpest in Nordsee und Mittelmeer. Fisch-Schwärme sind mit Krebs überwuchert. Vögel fallen tot vom Himmel. Der Kölner Dom zerbröselt. Jeden Tag ein neuer Umwelt-Skandal in einer neuen Stadt.

Lange Zeit war der Mensch mit Blindheit geschlagen. Denn wie die Bevölkerungs-Explosion vollzog sich die Vergiftung des Planeten jenseits der optischen Wahrnehmungsgrenze des Menschen. Sie kam langsam, jeden Tag ein kleines, unmeßbares, unmerkbares Bißchen mehr.

Wenn der blaue Himmel über der Ruhr über Nacht durch eine graue Dunstglocke ersetzt worden wäre – die Bevölkerung hätte die Flucht ergriffen.

Wenn die klaren Fluten über dem Nibelungenschatz von einem Tag zum anderen in stinkende gelbliche Brühe verwandelt worden wären – die Regierung hätte an den Ufern von Deutschlands meistbesungenen Abwässern Katastrophenalarm ausgelöst.

Doch der Feind kam schleichend wie der »Große Boyg« in Ibsens »Peer Gynt«, die schleimige konturenlose Wolke, die niemals zuschlägt und doch alles überwältigt, die »tot ist und gleichwohl lebendig«, die »siegt ohne zu streiten«.

So wachten die Menschen erst auf, als die Verseuchung irreparablen Schaden angerichtet hatte:

- Die Erde, die uns ernährt, ist weithin verdorben.
- Die Ozeane, in denen sich fast Dreiviertel der irdischen Sauerstoff-Produktionen vollziehen, sind zur Müll-Deponie geworden – Atomabfälle eingeschlossen.
- Die Luft, die wir atmen, ist verschmutzt; das New York erreichende Sonnenlicht ist oft um 25 Prozent reduziert.
- Selbst auf dem Mond ließ der Mensch Abfall

zurück, kaum daß er den fremden Himmelskörper betreten hatte.

»Beim Überqueren des Atlantiks segelten wir an 43 von 57 Tagen durch Öl-Lachen«, erzählt Thor Heyerdahl.

»Kaufen Sie lieber Wiener Würstchen als Fische aus dem Mittelmeer«, riet mir Jacques-Yves Cousteau.

»Iß dein Eis, bevor es schmutzig wird«, mahnt eine Mutter ihr Kind auf Manhattans Fifth Avenue.

In den letzten 30 Jahren wurde eine Million Tonnen DDT-Gift in die Ozeane gewaschen. Fische sterben, Quallen wuchern so, daß Yachten in ihnen stecken bleiben. Amerikas Industrie bläst jedes Jahr etwa 200 Millionen Tonnen Schadstoffe in die Luft – eine Tonne für jeden Amerikaner. Und jeder Amerikaner produziert im Jahr eine weitere Tonne Müll – vom ausrangierten Auto bis zum Kleenex.

Für viele Menschen hat sich die Luftverschmutzung bereits als tödlich erwiesen. Wo immer Smog auftritt, steigen die Sterbeziffern über den Durchschnitt. Lungenemphyseme wurden bei Zigarettenrauchern des unter Smog leidenden St. Louis viermal so häufig festgestellt, wie bei denen des smogfreien Winnipeg in Kannada.

Paul R. Ehrlich, Biologie-Professor an der Stanford-Universität, hält für möglich, daß Menschen der Zukunft außerhalb ihrer künstlich klimatisierten Behausungen Gasmasken tragen müssen.

Niemand vermag zu sagen, wie lange wir die Zerstörung der Elemente noch fortsetzen können. Schwerwiegende Folgen sind denkbar: Einflüsse auf Erbanlagen und Veränderungen des Klimas.

»Das Klima ist zu einem kritischen Faktor geworden«, heißt es bereits in einer Studie des amerikanischen Geheimdienstes CIA.

Schon wuchs das Eis an den Polen, die Durchschnitts-Temperatur hat sich verändert. Schon gehen jährlich fünf Millionen Hektar Ackerboden durch Erosion und Verödung verloren (»Club of Rome«). Und die Atmosphäre, von deren Beschaffenheit es abhängt, wieviel Sonnenwärme die Erde erreicht und wieder abstrahlt, wird immer weniger durchlässig; jährlich gibt die Menschheit 300 Millionen Tonnen Partikelstoffe in sie ab.

Dabei hat die Verseuchung des Planeten erst begonnen. Umweltschutz-Gesetze, Auto-Katalysatoren und DDT-Verbote können die Entwicklung mildern, aber nicht wenden: Doppelt soviel Menschen werden im Prinzip doppelt soviel Abfälle produzieren – besonders in den Entwicklungsländern, wo Umweltschutz noch ein Fremdwort ist.

»Ich bin von einem Argument tief beeindruckt«, schreibt der amerikanische Bestsellerautor James A. Michener, »daß nämlich der Mensch, wenn er eine bestimmte Dichte in seiner Bevölkerung erreicht, selbst ein Element der Verschmutzung wird. Seine Umwelt muß verderben – gleichgültig, welche Schritte der Mensch auch dagegen unternimmt.«

»Wir alle leben in der beklemmenden Furcht, daß irgend etwas unsere Umgebung so weit zerstören kann, daß der Mensch als veraltet ausrangiert wird, wie seinerzeit der Dinosaurier«, bemerkte David Price vom amerikanischen Gesundheitsministerium. Und er fügte hinzu: »Was diesen Gedanken besonders unangenehm macht, ist die Vorstellung, daß unser Schicksal schon besiegelt sein könnte, lange bevor sich die entscheidenden Symptome zeigen.«

Die Schwierigkeiten des Regierens

»Ich hab's satt.«
Wappenspruch *Ludwig XII. von Orléans* (1462–1515)

Materie und Moral, Rohstoffe und Religion haben für das Abendland etwa gleich lange gereicht. Nun gehen beide zur Neige. Die bekannten Vorräte des Erdöls reichen (nach Angaben der BP) noch 34 Jahre; das Reservoir christlicher Nächstenliebe scheint noch eher auszutrocknen.

Umweltschutz und Demokratie kämpfen den Kampf ums Dasein des Schneemanns im April. Wie des Menschen Müll, so wächst unaufhaltsam die Macht außerparlamentarischer Kräfte, von den Ölscheichs bis zu Terroristen, von den Multis bis zu den Armeen der Arbeitslosen.

Atomkriegsmöglichkeiten und Brutalisierung der Gesellschaft steigen. »Seit die Menschheit die nukleare Büchse der Pandora öffnete, lebt sie von geborgter Zeit«, befand Arthur Koestler, bevor er sich das Leben nahm.

Was haben alle diese unterschiedlichen Faktoren gemein? Sie sind Äste vom selben Stamm, Sachverhalte derselben Entwicklung, Indizien derselben Drohung: Sie sind Auswirkungen der Bevölkerungs-Explosion.

Die wirtschaftlichen, politischen und geistigen Strukturen der wuchernden Menschheit drängen zur Krise wie das Wasser zu seinem tiefsten Punkt. Die bisherigen Systeme müssen unter dem Druck zu großer Dichte zerplatzen wie eine Nova in der Milchstraße.

»Übervölkerung«, sagte Sir Julian Huxley, »ist nach meiner Ansicht die ernsthafteste Bedrohung für die menschliche Rasse.«

Übervölkerung produziert Armut, Hunger und Gewalt, plündert und vergiftet den Planeten. Sie macht die Welt unregierbar – zumindest mit uns angenehm erscheinenden Methoden. Amerikas Walter Lippmann war es, der kurz vor seinem Tod als erster erkannte: »Um der Dinge willen, die es zu tun gibt, etwa den Umweltschutz, muß die Menschheit mehr regiert werden denn je. Wegen der ständig steigenden Zahl involvierter Menschen aber wird das Regieren gleichzeitig immer weniger möglich.«

Wenn Raum und Rohstoffe knapp werden, können Demokratie und Privateigentum auf die Dauer so wenig existieren wie in einem Bienenstaat.

Die Gefühlswelt der Menschen verkümmert. Ihre

Kunst wird abstoßend. Ihr Gemeinwesen ähnelt immer mehr einer Brathähnchenzucht: künstlich ausgebrütet und steril gefüttert verbringen die Lebewesen dort zwecks Stärkung der Muskulatur kurze Zeit auf einem schüttelnden Fließband, um endlich, gesäubert, in Klarsichtfolie verpackt, dem Verbrauch zugeführt zu werden, ohne je das Licht der Welt erblickt zu haben.

Den Homo sapiens erwartet ein Leben von Nummern in Schlangen auf überfüllten Plätzen, dessen modische Neuheit Aldous Huxley in seiner »Brave New World« von 1935 vorwegnahm: ein Patronengurt für Mädchen, gespickt mit Anti-Baby-Pillen.

Wie die Lavaströme eines Vulkanausbruchs alles Leben unter sich begraben und der Nachwelt nur Versteinerungen überliefern, so verschüttet zuviel Leben alles, was das Leben lebenswert macht, und gewährt nur noch Gelegenheit für die mechanischen Verrichtungen von Zeugung und Geburt, Arbeit und Schlaf, Essen und Tod im Termitenstaat – umgeben von einer sterbenden Natur.

Biologie-Professor Paul R. Ehrlich von Amerikas Stanfort Universität schreibt: »Kein geologisches Ereignis seit einer Milliarde Jahren – weder das Emporsteigen mächtiger Gebirgsketten noch das Versinken ganzer Subkontinente oder das periodische Auftreten von Eiszeiten – schuf eine ähnliche Bedrohung für das irdische Leben, wie sie durch die explosive Ausdehnung der menschlichen Bevölkerung entstanden ist.«

Übervölkerung muß die Menschheit Zug um Zug entmenschlichen.

Die Inflation des menschlichen Lebens dezimiert den Wert des einzelnen Lebens, den Kern unserer bisherigen Moral. Der Menschheit droht eine neue Moral, die sich an einer so unbedeutenden Größe nicht länger orientieren mag.

Ist das das unbekannte Endziel der Geschichte? Niemand will es erreichen. Aber die Menschheit brütet ihm entgegen.

Ehrfurcht aus dem Urwald

»Jedes Ding hat seine Moral,
wenn man sie nur finden könnte.«
Charles Lutwidge Dodgson (1832-1898)

Als ich Albert Schweitzer 1960 zum erstenmal auf seinen drei Hügeln am südlichen Ufer des Ogowe begegnete, hockte der Fünfundachtzigjährige auf dem Boden und rührte in einem verbeulten Marmeladeneimer Zement an für das Fundament einer Eingeborenenhütte. Gleichzeitig gab er ein paar schwarzen Helfern Anweisungen, wie sie zwei Hartholzbalken für den Hüttenbau verzapfen sollten.

»Wieso«, fragte ich den dreifachen Doktor der Philosophie, Theologie und Medizin, dem die Welt zwei Standardwerke über das Leben Jesu und des Johann Sebastian Bachs verdankt, »wieso wissen Sie das alles?«

Der Mann, den Albert Einstein »den größten Menschen des Jahrhunderts« genannt hatte, blickte vom Marmeladeneimer auf: »Weil ich gebildet bin.«

Albert Schweitzer war nicht der Heilige, den seine

Jünger in ihm suchten, und nicht der Narr, zu dem seine intellektuellen Kritiker ihn stempeln wollten.

Er sah aus wie ein naher Verwandter des lieben Gottes und benahm sich so: er war ein Großtyrann der Nächstenliebe.

Als junger Student hatte er nachts seine Füße in einen Kübel mit eisigem Wasser gestellt, um nicht vor Übermüdung über seinen Lehrbüchern einzuschlafen; noch als Greis hatte er eine Grundgeschwindigkeit, die heute jedem leistungsdruckbewußten Jüngling eine Gänsehaut bescheren würde. 17 Stunden Arbeit füllten seinen Tag.

Der Urwald-Doktor heilte und half, nahm Lepra-Kranke und Verrückte bei sich auf, linderte Leiden und liebte jede Kreatur – aber stets zu seinen Bedingungen.

In fast einem halben Jahrhundert hatte er in Lambarene eine Plantage der Barmherzigkeit gebaut.

Und ich habe keinen Junker aus Ostpreußen, keinen Rancher aus Wyoming selbstbewußter über seine Hektar stiefeln sehen.

Das »Genie der Menschlichkeit« (Churchill über Schweitzer) lebte in einem Zimmer mit zwei Schemeln ohne Lehne. Aber sein Wort war in seinem Reich Gesetz.

Er trug bis an das Ende seiner Tage den Tropenhelm, für Afrika Sinnbild des Kolonialismus; die Eingeborenen rissen ihre Hüte vom Kopf, wenn er vorbeikam. Gäste und Mitarbeiter warteten stehend, bis er sich zu Tisch setzte. Auch seine Tochter wagte erst zu rauchen, wenn er den Speisesaal verlassen hatte.

Selbst seine Uhren gingen anders: um jede Minute des Tages vor Einbruch der frühen Tropennacht für gute Taten nutzen zu können, hatte er Lambarene einfach eine eigene Zeit verordnet.

Als die Zivilisation ihn mit Bulldozern und Starkstrom einzuholen drohte, sperrte er sie aus.

Im gleichen Jahr, da der Kongo in Flammen stand und die letzten Weißen in Scharen aus den unabhängig gewordenen Staaten Zentralafrikas flohen, sah ich den Urwalddoktor einem Schwarzen eine Backpfeife verabreichen, weil er einem Pelikan auf den Fuß getreten hatte. »Ist er nicht Ihr Bruder?« fragte ich. »Ja«, schnaubte er, daß sich sein weißgelber Schnurrbart sträubte, »aber ich bin der Ältere.«

Der Friedhof des Hospitals, auf dem sieben verstorbene Mitarbeiter begraben lagen, war zu Schweitzers Zeiten von Unkraut überwuchert. Für die Toten, derer sich ein Größerer annahm, hatte der Urwald-Doktor keine Zeit. Er half den Lebenden.

Er half ohne die heute übliche Wehleidigkeit. Als er mir Lambarene zeigte, hielt ihm eine Schwester einen kleinen Vogel entgegen, dessen eines Bein fast durchschnitten war und nur noch an einer Sehne herabhing. Ob der Vogel getötet werden müsse, fragte sie. »Unsinn«, grollte er, »schneid es ab und verbinde ihn. Möchtest du nicht auch mit einem Bein weiterleben, wenn du zwei Flügel hättest?«

Die christlichen Kirchen liebten es, Schweitzer zu seinen Lebzeiten als Symbolfigur christlicher Nächstenliebe für sich zu vereinnahmen. Er ließ es geschehen. Tatsächlich hatte sein Denken längst die herkömmlichen religiösen Grenzen gesprengt.

»War Jesus der Sohn Gottes?« fragte ich ihn. »Natürlich«, sagte er ohne Zögern, »aber Sie und ich, wir sind auch seine Söhne.«

600 Bücher sind über den Nobelpreisträger, Theologen und Organisten geschrieben worden. Doch: »Niemand, der mich nicht in Afrika erlebt hat, kennt mich«, sagte er. Wer ihn in Afrika erlebt hat, war von seiner Größe benommen.

Sein Herz war gut, sein Denken erhaben, seine Kunst begnadet. Er war das fleischgewordene Alibi des untergehenden Abendlandes. Die Menschen konnten ihn feiern, ohne seiner Moral folgen zu müssen.

Und dieser ungewöhnliche Mensch war es, der dort im Urwald auf eine ungewöhnliche Suche ging – auf die Suche nach einem global gültigen Sittengesetz, nach einer universellen Ethik: Gab es einen gemeinsamen Nenner der Menschheit für das, was »gut« und »böse« ist?

Er näherte sich dem Problem auf eine ebenso einfache wie überraschende Weise: er legte alle bestehenden und vergangenen Kulturen, Religionen und Philosophien schablonenartig wie auf einem Raster übereinander, klopfte sie auf ihre Haltbarkeit ab und prüfte, was sie gemein hatten: vom Koran bis zur Bibel, vom Stoizismus bis Laotse, von Plato bis Shaftesbury, von der lebensbejahenden bis zu den lebensverneinenden Weltanschauungen, von der jüdischen bis zur brahmanischen Mystik.

Mit den großen Denkern des Abendlandes ging er dabei nicht zimperlich um. Für ihn »irrte« Kant. Schopenhauer war »krankhaft«, der Aufklärer Descartes »armselig«. Er spottete über die »Phantastereien Fichtes« und befand über die Tugendlehre der alten Griechen: »Tugendlehre ist ebensowenig Ethik wie Knorpel Knochen ist.«

Aber er kam zu einem Ergebnis. Auf einer mehrtägigen Bootsfahrt auf dem Ogowe zu einer erkrankten Missionarin zwischen Sandbänken und einer Nilpferdherde entwickelte er 1915 die Formel, die er fortan als einzige gemeinsame sittliche Maxime für alle Menschen gelten lassen wollte: »Ehrfurcht vor dem Leben.«

Schweitzer: »Dies ist das denknotwendige absolute Grundprinzip der Sittlichen.«

Nach dieser Ethik ist gut: »Leben erhalten, Leben fördern, entwickelbares Leben auf seinen höchsten Wert bringen.« Böse ist: »Leben vernichten, Leben schädigen, entwickelbares Leben niederhalten.« Das gilt für das Leben von Menschen, Tieren und Pflanzen.

Wenn das stimmt – und bis heute hat nie jemand die Sorgfalt von Schweitzers vergleichender Arbeit angezweifelt –, wenn das der Extrakt aller großen Religionen, Philosophien und Sittenlehren ist, kann dann der Versuch moralisch sein, die Bevölkerungs-Explosion aufzuhalten. Ist es schon Teil einer neuen Moral? Oder nur Zweckmäßigkeit?

Das Jahrhundert war noch jung, als Captain Robert Falcon Scott mit vier Getreuen nach 69 Tagen Fußmarsch durch das Eis der Antarktis am Südpol anlangte. Dort entdeckte er am 18. Januar 1912, daß der Norweger Amundsen einen Monat vor ihm das Ziel erreicht hatte. Geschlagen traten die fünf den Heimweg an. Mehr Kräfte und Vorräte waren aufgezehrt als vorgesehen. Da erkrankte der Bootsmann Evans. Ließ Scott ihn in der Wildnis zurück, war Evans' Schicksal besiegelt. Schleppte er ihn mit, gefährdete er das eigene Leben und das der anderen. Die Männer, die ihre Schlitten selbst hinter sich herzogen, würden langsamer als vorher vorankommen.

Scott nahm den Hilflosen mit. Es war eine todbringende Entscheidung. Erst starb Evans. Dann starben die übrigen vier im Blizzard. Ihre gefrorenen

Leichen wurden ein halbes Jahr danach etwa 15 Kilometer vor dem rettenden Depot entdeckt. Hätten sie den Kranken geopfert, hätten sie es vermutlich erreicht.

Die Alternative, der Captain Scott im Alter von 43 Jahren auf dem 80. Breitengrad begegnete – so berichtete und analysierte Arthur Koestler später unübertroffen in »Bricks to Bable« –, symbolisiert die unveränderbare Situation des Menschen, den tragischen Konflikt, der in seiner Natur angelegt ist: es ist der Konflikt zwischen Zweckmäßigkeit und Moral.

War es zweckmäßig oder moralisch, daß Einstein im blutigsten Krieg aller Zeiten Roosevelt auf die Möglichkeit der Atombombe hinwies?

War es zweckmäßig oder moralisch, daß Adenauer die Sowjetzone abschrieb, um dem Rest der Deutschen die Freiheit zu erhalten?

Ist es moralisch oder zweckmäßig, wenn die 20 Insassen eines Rettungsbootes, das nur 20 Menschen trägt, den 21. nicht aufnehmen?

Der Punkt, an dem der eine Wert beginnt und der andere aufhört, ist oft nicht mit Sicherheit auszumachen.

Und am Ende jenes Jahrhunderts, zu dessen Beginn sich Captain Scott mit seinen Männern gegen die Zweckmäßigkeit und für die Moral entschied, steht die Frage: Ist es moralisch oder zweckmäßig, um der Lebenden willen Leben zu vernichten oder zu verhindern?

Die Menschen werden sich entscheiden müssen, ob sie um der Menschheit willen tun wollen, was zumindest Albert Schweitzer für unmenschlich gehalten haben dürfte.

Die Lehren der Natur

»Auch von der besten Gesellschaft muß man sich eines Tages trennen.«
Franken-König *Dagobert I.*, 639 n. Chr., auf seinem Totenbett zu seinen Hunden (zugeschrieben)

Der amerikanische Psychologe John B. Calhoun sperrte zwanzig Paar Wanderratten in ein tausend Quadratmeter großes, klimatisiertes Ratten-Paradies. Es gab keinen Mangel, nur Wohlstand, keine Feinde, nur soziale Sicherheit. Die Ratten konnten nach Herzenslust essen und trinken, schlafen und sich paaren. Zwei Jahre und drei Monate später hätten eigentlich 5000 Ratten in dem Gehege leben müssen. Aber nur 150 Tiere bevölkerten das Schlaraffenland – Wanderratten konnte man sie kaum noch nennen. In ihrem sozialen Verhalten waren sie weitgehend deformiert. Ihre Sitten waren zerfallen. Sie hielten ihre Sexualriten nicht länger ein. Sie bauten keine Nester mehr. Sie fraßen ihre Babys (96 Prozent Kindersterblichkeit). Weibchen verendeten unter dem Streß zu großer Dichte, Männchen im Zweikampf mit ihren immer aggresiver werdenden Artgenossen.

Erinnert uns das nicht an irgendwas?

Otto König unternahm einen ähnlichen Versuch mit einer Kuhreiher-Kolonie. Im Gehege der Biologischen Station Wilhelminenberg bereitete er ihnen ein Leben im Überfluß. Den Himmel auf Erden? »Es wurde die Hölle«, berichtet Verhaltensforscher Vitus B. Dröscher über das Experiment: »Die soziale Ordnung und das Familienleben der schneeweißen Reiher geriet völlig durcheinander. Während sich die sexuelle Aktivität der Massengesellschaft ins Groteske steigerte, sank die Zahl der Nachkommenschaft rapide. Die Vogeleltern – in freier Wildbahn streng monogam lebend – hatten nichts im Sinn als Ehebruch, Vergewaltigungen und Inzest, Streit mit den Nachbarn und auch innerhalb der Familie. Selber blutend und verdreckt, zertrampelten sie die Eier im Nest und ließen die Küken verkommen. Die Jungen, die dennoch überlebten, lernten nicht einmal für sich selber zu sorgen – nur unausgesetzte Bettelei um Futter.«

Kommt uns das nicht irgendwie bekannt vor?

24 Kaninchen setzte Thomas Austin 1859 in Australien aus. Sechs Jahre danach waren es Millionen. »Eine glänzende Zukunft scheint den Nagetieren, den Ratten, den Kaninchen bevorzustehen, wenn ihre Fortpflanzung sich beschleunigt, wenn die Würfe in kürzeren Intervallen aufeinanderfolgen und ihre Völker in geometrischer Progression

zunehmen«, stellte der französische Naturforscher Jean Dorst fest: »Dennoch erscheinen bald die ersten Symptome der Degeneration. Keine regelrechten Krankheiten, sondern gewisse Anzeichen einer tiefgreifenden physiologischen Störung, die möglicherweise mit dem Streß verbunden ist, den Übervölkerung an sich schon bedeutet. Die Bevölkerungszahl geht dann oft sehr schnell und auf dramatische Weise zurück: nur einige wenige Einzeltiere überleben, um mühsam die Art zu erhalten. Die Wucherung erscheint so stets als Vorläufer des Todes.«

Dieses »tragische Ende« aller sich übermäßig vermehrenden Tierarten sollte uns als Warnung dienen, meinte Jean Dorst.

Die Natur ist der weiseste aller Lehrmeister. Dennoch sind die Lehren, die die Menschen aus ihr beziehen, begrenzt. Verständlich: denn wo Parallelen sichtbar werden, schneidet der Mensch nicht über Gebühr gut ab. Er beherrscht seine Umwelt ungleich besser als sich selbst. Er hat sich die Erde untertan gemacht, aber nicht seine eigenen Triebe. »Wenn alle Tiere ebenso rücksichtslos ihre Nahrungsquellen überjagen, übergrasen und ausbeuten würden wie Menschen«, sagt der schottische Biologie-Professor V. C. Wynne-Edwards, »gäbe es heute schon längst nichts Lebendiges mehr auf Erden.«

Bei seinen Arbeiten über »Bevölkerungs-Politik

in Tierstaaten« stieß Vitus Dröscher auf ein interessantes Phänomen. Zwischen der »Normalphase« mit geringer Bevölkerungsdichte und der »Entartungsphase« der Übervölkerung gibt es offenbar für manche Arten eine Zwischenphase erhöhter Dichte und erhöhter Friedfertigkeit. Dröscher nennt sie die »Friedensphase«. Er beschreibt sie an zwei Beispielen:

- Das erste Beispiel: in zwei gleich großen Aquarien wurden einmal zehn, einmal zwei Zwergwelse gesetzt. Dröscher: »Die beiden Alleininhaber waren in ständigem Kleinkrieg längs ihrer selbsterrichteten Reviergrenze miteinander verfeindet. Aber die Masse der zehn Fische, die doch viel weniger Platz pro Kopf zur Verfügung hatte, dachte nicht einmal an harmloseste Formen von Zank und Streit. Sie waren ohne Ausnahme die Friedfertigkeit in Person. Ja, sie drängten sich sogar wie Schwarmfische aneinander.« Die große Dichte hatte die Fische offenbar veranlaßt, ein Anti-Aggressions-Pheromon abzusondern, das einen Instinkt zum friedvollen Handeln aktiviert: »Love-in-Water« wurde die Substanz genannt, in der sie so schwammen. Denn als man das Wasser aus ihrem Becken in das Becken mit den zwei streitsüchtigen Individualisten leitete, kuschelten auch sie sich bald wie ein Liebespaar aneinander und hörten auf, gegeneinander zu kämpfen.

- Das zweite Beispiel: ein Höckerschwan-Paar beansprucht bei geringer Bevölkerungsdichte einen Uferstreifen von etwa 250 bis 500 Meter. Er wird vom Schwan notfalls mit Mord und Totschlag gegen jeden Eindringling verteidigt. Wird jedoch nicht nur ein Fremder, sondern werden gleich mehrere Eindringlinge in das Revier gesetzt, unterbleibt jeder Kampf. Alle brüten friedlich in einer Kommune. Wenn dann allerdings die Bevölkerungszahl noch weiter ansteigt, so folgt dieser Friedensphase die aggressive »Entartungsphase« der Übervölkerung. Das bis dahin vorbildliche Eheleben der Schwäne degeneriert. Untreue und Vergewaltigung, Inzest und Vernachlässigung der Brut dezimieren die Kolonie.

Erst Kampf um Privatbesitz, dann Frieden im Sozialismus, schließlich die Katastrophe? Was für Höckerschwäne gilt, muß nicht unbedingt für Menschen gelten.

In der Bevölkerungs-Politik jedenfalls verhalten sich die Tierarten ungleich klüger als das Wesen, das ihnen allen an Intelligenz überlegen ist.

Bevölkerungs-Politik im Tierreich

»Ich habe unlängst versucht, Shakespeare zu lesen und ihn so langweilig gefunden, daß mir schlecht wurde.«

Charles Darwin (1809–1882)

Im Gegensatz zum Menschen kontrollieren fast alle Tierarten ihren Bestand rechtzeitig selbst.

Als Charles Darwin daran ging, das Abenteuer der Arten zu entschlüsseln, das ihm spannender erschien als Shakespeares Königsdramen, da glaubte er noch, nur äußere Umstände könnten ihrer Ausbreitung Grenzen setzen: Feinde oder Hunger, Seuchen oder Klimaänderungen. Beim Menschen erwies sich seine Theorie bisher als richtig. Tierarten aber verhindern selbst durch innere Mechanismen ihre uferlose Vermehrung.

Wenn es zulässig wäre, aus dem Charakter dieser Sperren und Sicherheitsvorkehrungen auf die Absicht der Schöpfung zu schließen, dann muß sie Übervölkerung für eines der schlimmsten möglichen Übel gehalten haben. So stark sind die Riegel, die ihr vorgeschoben wurden.

Die Maßnahmen zur Entschärfung von Bevölkerungs-Explosionen im Tierreich sind vielfältig und ausgeklügelt. Sie reichen von Anti-Baby-Düften bei Fröschen und Mäusen bis zum Kannibalismus beim Guppy. Dieser ungewöhnlich fruchtbare »Killerfisch« frißt Millionen seiner eigenen Nachkommen, läßt aber stets genug übrig, um die Art zu erhalten. Bei ihm wirkt das, was Konrad Lorenz »das sogenannte Böse« nannte – Aggressionen gegen die eigene Art zur Erhaltung der Art. Eine Kraft, die Böses tut und dennoch Gutes schafft.

Dem Verhaltensforscher Vitus B. Dröscher gebührt das Verdienst, in seinen wichtigen Arbeiten über die »Bevölkerungs-Politik in Tierstaaten« die wohl eindrucksvollsten Beispiele zu dem Thema in Deutschland veröffentlicht zu haben.

Bei den Vögeln beginnt die Bevölkerungs-Politik beim Eierlegen. Eine Amsel etwa, die unter günstigen Umweltbedingungen bis zu fünf Eier legt, legt in den von Amseln übervölkerten Stadt-Vororten meist nur noch zwei.

Nimmt man Vögeln gelegte Eier weg, so brüten sie nach, um die der Umwelt angemessene Eizahl wieder zu erreichen. Eine Kohlmeise schaffte dabei insgesamt 14 Eier. Der Goldspecht hörte erst beim 72. auf. Die Stockente erreichte fast 100. Und das dumme Huhn legt zu unserem Besten sogar fast jeden Tag ein neues Ei – bis zu 270 im Jahr.

Mit der Fütterung der Nestlinge beginnt Phase II der Bevölkerungs-Politik der Vögel. Normalerweise wird das Jüngste, »das Nesthäkchen«, bei der Fütterung durch die Eltern gemästet und verhätschelt, damit es am Tag des ersten gemeinsamen Ausfliegens die früher geborenen Geschwister körperlich eingeholt hat. In Notzeiten aber wird ausgerechnet dieses verwöhnte Nesthäkchen vernachlässigt und dem Hungertod überlassen: wenn die Nahrung nicht für alle reicht, ist es am sinnvollsten, das schwächste zu opfern, um die Art zu erhalten (Beobachtung von Hans Löhrl in der Vogelwarte Radolfzell).

Wie die Vögel so die Robben. Auf den Farne-Inseln vor der englischen Nordseeküste drängt sich alljährlich ein Heer von Kegelrobben – auf einem von sechs fast identischen Eilanden. So groß ist dort die Dichte, daß viele Babys totgedrückt werden oder im Gewimmel ihre Mütter verlieren und verhungern. Dennoch werden keine Robbenjungen auf einer der anderen Inseln geboren. Der Fischbestand reicht nur aus, um so viele Tiere zu ernähren, wie auf dem einen Eiland das Licht der Welt erblicken und überleben (Beobachtungen von J. C. Cowlson und Grace Hickling von der Durham Universität).

Bei den Wildkaninchen in Australien rühren in Zeiten von Dürre und Nahrungsmangel die Männchen die Weibchen nicht mehr an; schwangere Weibchen stoßen ihren Nachwuchs in extrem heißen Tagen als Fehlgeburt ab. Bei den Wildkaninchen in Europa graben in Zeiten einer Bevölkerungs-Explosion Nachbarweibchen die Jungen einer anderen Kaninchenmutter aus und töten sie.

Als im Murchison Falls Park in Uganda 10 000 Elefanten in unüblicher Dichte miteinander leben mußten, legten sie sich einen neuen Rhythmus ihres sexuellen Verhaltens zu. Normalerweise beträgt bei ihnen der Zeitraum zwischen Geburt und neuer Paarung zwei Jahre und drei Monate. Nun verlängerten die Kühe die Zeit ihrer Enthaltsamkeit auf das Dreifache: sechs Jahre und zehn Monate.

Eine besonders rigorose Art der Geburtenkontrolle üben so unterschiedliche Kreaturen wie Baßtölpel, Waldvögel und Libellen: sie lassen nur einen gewissen Prozentsatz zur Zeugung zu – der Rest lebt auf Warteliste:

- Baßtölpel. Am Kap St. Mary von Neufundland feiern nur jene Baßtölpel Hochzeit, denen es gelungen ist, auf einer bestimmten Klippe einen Nistplatz zu erobern. Rundherum leben auf genau solchen Klippen Tausende anderer Männchen und Weibchen. Auch sie könnten Nester bauen und Kinder zeugen. Doch sie tun es nicht. Die Nachkommenschaft von der Hochzeitsklippe reicht aus, um dort die Art zu erhalten (Beobachtung von Wynne-Edwards von der Universität Aberdeen).

- Waldvögel. Sobald in einem kleinen Wald ein Vogelpaar mit seinem jubilierenden Gesang anzeigte, daß es ein Brutrevier besetzt hatte, wurde es in einem zoologischen Versuch abgeschossen. Aber schon am nächsten Tag war sein Platz neu belegt und neuer Brautgesang stieg zum Himmel. Offenbar hielt sich im Unterholz des Waldes eine zu Schweigen und Eheverzicht verurteilte Ersatzreserve bereit, die nur nachrückte, wenn ein Platz frei wurde (Beobachtung von M. M. Hensly und J. B. Cope).
- Libellen. Der Weg einer Libelle vom Ei über die Larve zum fliegenden Insekt beginnt im Schlamm: das ist der sicherste und einzige freie Platz für die kleinen Larven, die unter Wasser aus dem Ei schlüpfen. Und dort müssen sie bleiben, bis über ihnen – etwa am Stengel einer Wasserpflanze – eine größere Larve einen Platz für Aufsteiger räumt, sei es, daß sie gefressen oder zur Libelle wurde. Die meisten Larven im Schlamm schaffen es nie, den numerus clausus zum Leben zu durchbrechen.

Die erstaunlichste und vielleicht auch verbreitetste Art der Geburtenkontrolle ist eine Anti-Baby-Chemie: Duftstoffe vermindern die Fruchtbarkeit – vom Mehlkäfer über Frösche und Fische bis zu Mäusen.

- Sobald auf einem Speicher auf einen Mehlkäfer

nur noch ein halbes Gramm Mehl kommt, scheiden die Käfer mit ihrem Kot einen chemischen Stoff aus. Je stärker seine Konzentration, desto stärker seine Wirkung: Erst wird die Fruchtbarkeit der Weibchen vermindert, dann die Larvenentwicklung verlangsamt und schließlich werden die Weibchen durch den Duft veranlaßt, ihre eigenen Eier zu fressen.

- Bei Kaulquappen garantiert der Anti-Baby-Duft das Recht der Erstgeburt. Setzt man in 120 Liter Wasser mit sechs kleinen Kaulquappen nur ein einziges größeres Exemplar, so begehen die kleinen Selbstmord. Sie hören auf zu fressen und sterben, auch wenn noch reichlich Nahrung vorhanden ist. So wird sichergestellt, daß in einem Teich niemals mehr Frösche heranwachsen, als dort leben können.
- Auch bei Fischen stoppt Anti-Baby-Chemie die Bevölkerungs-Explosion. W. E. Johnson vom kanadischen Fischerei-Forschungs-Institut zählte die Fische eines kleinen Bergsees. Dann setzte er gefräßige Forellen hinein. Nach drei Jahren war wieder Volkszählung. Das Ergebnis: die verschiedenen Fischarten waren genauso stark wie zuvor. Die Forellen hatten nur gefressen, was sonst durch instinktive Geburtenbeschränkung gar nicht erst gelebt hätte.
- Bei Mäusen reguliert ebenfalls Anti-Baby-Duft

die Vermehrung. Er entströmt jedem Weibchen. Je mehr von ihnen zusammenleben, umso stärker der Duft. Die Weibchen werden dadurch unfruchtbar. Nur unter bestimmten Voraussetzungen kann Männer-Duft die Entwicklung rückgängig machen.

Zwei Tierarten gibt es, die ihre Völker zu aberwitziger Dichte anwachsen lassen, ehe eine Wende vollzogen wird: die Heuschrecken und die Lemminge.

- Die Sonne verdunkelt sich, wenn die Heuschrekken einfallen. Eine knietiefe Schicht brodelnder Leiber vernichtet alles, worauf sie sich niederläßt. Diese achte der biblischen Plagen vermehrt sich, während sie weiterzieht. Sie wächst an bis zu einer Tausende von Tonnen schweren Wolke der Vernichtung, ein Schwarm von über 200 Milliarden Insekten. Unbesiegbar durch die Kraft seiner Zahl fliegt das Massenheer schließlich dem eigenen Untergang entgegen, in die Wüste, dorthin, wo ihre ausschlüpfenden Larven sich nicht mehr durch die von der Sonne ausgedörrte Erde ans Licht der Welt graben können. Und nur einige wenige Exemplare überleben die Bevölkerungs-Explosion, um mühsam die Art zu erhalten.
- Lemminge, deren Weibchen nach dreiwöchiger Schwangerschaft bis zu einem Dutzend Jungen werfen und deren Männchen jeden Tag zweimal ihr eigenes Körpergewicht fressen, formieren sich

in Skandinavien nach Jahren starker Vermehrung aus Nahrungsmangel zum selbstmörderischen Zug der Millionen, erst in der Nacht, dann bei Tage, erst noch scheu, dann jedes Hindernis anfallend, das sich ihnen in den Weg stellt. Unbesiegbar durch die Kraft seiner Zahl stürzt sich das Massenheer der Wühlmäuse schließlich ins Meer oder in einen Strom und schwimmt als Fellteppich dem eigenen Untergang entgegen. Und nur wenige Exemplare überleben die Bevölkerungs-Explosion, um die Art zu erhalten.

So unerbittlich die Natur dem Wachstum von Heuschrecken und Lemmingen schließlich Einhalt gebietet: selbst diese Form muß noch als Selbst-Regulator zur Erhaltung der Art angesehen werden.

Die menschliche Geschichte läßt bis heute kein vergleichbares Verhalten erkennen.

Eine neue Kreatur im Dunkel der Geschichte

»Sogar Gott kann die Vergangenheit nicht ändern.«

Agathon (446–401 v. Chr.)

Mehr als 100 Millionen Jahre herrschten die Dinosaurier über die Erde – tausendmal so lange, wie bisher die Menschen.

Die Reptilien waren die größten fleischfressenden Wesen, die der Planet je getragen hat.

Vor etwa 65 Millionen Jahren starben die Dinosaurier plötzlich aus. Niemand weiß bis heute mit Sicherheit warum.

Säugetiere nahmen ihren Platz ein. Und aus der Dämmerung vorgeschichtlichen Dunkels tauchte eine neue Kreatur auf: der Zweibeiner.

- Vor vielleicht vier Millionen Jahren erschien in Afrika der Australopithecus, der von Wissenschaftlern als Bindeglied zwischen Menschenaffen und Menschen angesehen wird. Sein Hirn war nur wenig größer als das des Gorillas: etwa 600 statt 500 Kubikzentimeter. Aber er ging aufrecht.

- Vor vielleicht zwei Millionen Jahren trat in Ost-Indien und Afrika der Homo erectus auf. Seine Hirnschale faßte etwa 900 Kubikzentimeter. Er wurde Herr des Feuers und des Faustkeils. Er wanderte nach China und Europa und gab einige Laute von sich – wahrscheinlich mit einem Zehntel unserer Sprechgeschwindigkeit. Er war der erste Mensch.
- Vor etwa 100 000 Jahren begann dann das Wesen, das wir heute Mensch nennen, von der Erde Besitz zu ergreifen: der Homo sapiens mit seinem gegenwärtigen Hirninhalt von 1 400 Kubikzentimetern. Er konnte, was seine Vorläufer nicht konnten: Im kalten Klima leben und lieben. Er drang in den vierten und fünften Kontinent ein, nach Amerika und Australien.

90 Prozent seines bisherigen Daseins verbrachte der Homo sapiens als Jäger, Angler, Beerensammler. Einige seiner primitiven Stämme leben noch heute so.

Natürliche Feinde, Krankheiten und Eiszeiten hielten den Menschen zunächst in Schach und setzten seiner Ausbreitung Grenzen. Seine Zahl nahm nur langsam zu.

Sein Werkzeug war aus Stein und Bein, Nahrungssuche seine vorrangige Beschäftigung. Er war Allesfresser wie die großen Affen. Überleben war sein Lebensziel.

»Wo die Nahrung teuer ist, sinkt der Wert des Menschenlebens«, beobachtete Will Durant in seiner »Weltgeschichte«: »Die Eskimo-Söhne töteten früher ihre Eltern, wenn diese ein Alter erreicht hatten, das sie nutzlos und entbehrlich machte.«

Aus Neu-Guinea berichtete Wilford Powell noch Ende des letzten Jahrhunderts, dort seien Frauen verzehrt worden, wenn sie sich »als völlig unbrauchbar und träge« erwiesen hätten.

Kannibalismus gab es zu irgendeiner Periode bei nahezu allen Naturvölkern. »Bei den Massageten, einem skythischen Volk, wurden die älteren Menschen getötet; ihre Leichen kochte man und verzehrte sie«, berichtet Lord Thomas in seiner »Geschichte der Welt«.

Auf den Salomon-Inseln zerschlugen die Kannibalen ihren Opfern bei lebendigem Leib die Knochen, damit das Fleisch weich und saftig werde. Wilfried Powell berichtete: »Einer der mächtigsten Häuptlinge auf Duke of Cork, der alte Tora Good of Grukukuru hat an einem Baum in der Nähe seiner Hütte zerlegte Menschenleichen hängen, wie ein Fleischer die zerstückelten Schlachttiere in seinem Laden aufhängt.«

»Wenn ich einen Feind getötet habe, ist es bestimmt besser ihn zu essen, als ihn unbenutzt zu lassen«, sagte ein brasilianischer Indio-Häuptling.

Die frühen Kopfjäger hätten das Gehirn des erlegten Feindes gegessen, um sich dadurch dessen »Weisheit und Geschicklichkeit« anzueignen, vermutete der deutsche Anthropologe Gustav Heinrich Ralph von Königswald.

Der Steinzeitmensch erkannte bereits seine Vergänglichkeit. Rituelle Begräbnisse in Europa und Vorderasien deuten um 60 000 v. Chr. auf den Glauben an ein Leben nach dem Tode hin.

Er war Nomade, jagte in Rotten Bison und Mammut, entwickelte dabei seine Sprache, baute sich Heimstätten aus Zweigen, hüllte sich in Felle, gab sich Götter und Namen, bemalte Höhlenwände, erfand einen Mondkalender und die Nadel und zähmte um etwa 10 000 v. Chr., als sich das Eis zum letzten Mal zurückzog, seinen ersten Hund.

Auf Wanderungen trug der Mann die Waffen, das Weib den Rest. Als die unter Steinzeit-Bedingungen lebenden Ureinwohner Australiens bei der Eroberung ihres Kontinents durch den weißen Mann im 17. Jahrhundert n. Chr. am unteren Murray die ersten Lastochsen der Fremden sahen, hielten sie diese zunächst für die Frauen der Eindringlinge.

Die Ehe im Tierreich ist älter als der Mensch. Aber Jahrtausende war ihm nicht einmal der Zusammenhang zwischen Zeugung und Geburt bekannt. Vaterschaft spielte lange eine geringe Rolle. Die Frau gehörte dem Vater, dem Bruder, der Sippe – nicht dem Mann.

Jahrtausende war die Bindung von Bruder und Schwester stärker als die von Mann und Frau. Noch in der klassischen Antike Griechenlands – darauf weist Durant in diesem Zusammenhang hin – opferte sich Antigone für den Bruder, nicht für den Mann, rettete die Frau des Intaphernes den Bruder, nicht den Gatten vor dem Zorn des Darius.

Der Steinzeit-Mensch erfand Pfeil und Bogen und die Töpferei, im Vorderen Orient wurden Schafe domestiziert. Und irgendwann entdeckte der Homo sapiens die Funktion des Samens. Wann, werden wir nie erfahren. Aber eines Tages sammelte er ihn und säte ihn. Er hatte die unterste Stufe der Kultur erreicht: den Ackerbau, die agricultura.

Der neue Herr der Welt begann, seßhaft zu werden und baute seine erste Stadt: Jericho.

Es war nun ungefähr 8000 Jahre vor Christi Geburt. Die Weltgeschichte konnte beginnen. Vielleicht sechs Millionen Zweibeiner lebten auf Erden. Es hatte 100000 Jahre gebraucht, ihre Zahl zu erreichen. Wir nehmen heute um die gleiche Zahl in 40 Tagen zu.

Am Flußufer
Rad und Regierung

»Wenn Cleopatra eine Stupsnase gehabt hätte, sähe die Welt anders aus.«
Blaise Pascal (1623–1662)

Das, was wir Weltgeschichte nennen, begann vor etwa 10 000 Jahren. Erst war Mangel an Menschen ihr Merkmal, dann deren Überfluß.

Fünf fruchtbare Flußtäler waren 8 000 v. Chr. Ausgangspunkte der ersten (Agri-)Kultur: die des Nil, des Euphrat und des Tigris, des Indus und des Gelben Flusses.

An ihren Ufern erfand der Zweibeiner Rad und Regierung, baute Pflug und Pyramiden, gab sich Götter und Gesetze, schuf Bronze und Kalender.

Die Zahl der Erdbewohner betrug schätzungsweise sechs Millionen und wuchs nur allmählich. Krankheiten und Kriege, Naturkatastrophen und wilde Tiere forderten ihren Tribut. Und bald auch der Menschen Perversionen.

»Die meisten menschlichen Tugenden und Laster«, so meint der englische Historiker Lord

Hugh Thomas in seiner »Geschichte der Welt«, seien damals längst entwickelt gewesen. Sicherlich die Laster. Und sie spielten bei der Bevölkerungsentwicklung alsbald eine Rolle.

Schon aus dem Ägypten der Pharaonen – als es noch weniger Menschen auf Erden gab, als es heute Känguruhs gibt – ist das erste Verhütungsmittel überliefert: 3 000 v. Chr. sollte ein Pfropfen aus Krokodil-Lösung, Honig und Natron vor unerwünschtem Nachwuchs schützen.

Babylon, wo sich die Männer die Wangen schminkten und Prostitution geheiligt war, hatte sich der Lust vermählt. Und aus dem alten Griechenland berichtet der konservative Aristoteles – ernsthaft wie immer – daß Frauen die Empfängnis verhüteten, indem sie »jenen Teil der Gebärmutter, auf den der Samen auftrifft, mit Zedernöl, Bleisalbe oder Weihrauchpulver einreiben, das sie mit Olivenöl anrühren.«

Homosexualität und lesbische Liebe waren in Athen volkstümlich, Abtreibung und Kindestötungen weit verbreitet. Plato plädierte für das Aussetzen aller schwachen Kinder – obgleich damals (etwa 400 vor Christus) auf dem ganzen Planeten weniger Menschen lebten als heute in Nigeria.

Den Grund für solches Verhalten verriet Platos Schüler Aristoteles: »Wird die Kinderzeugung freigegeben, wie in den meisten Staaten, so muß das die

Armut der Bürger zur Folge haben.« Sie ihrerseits sei Vater von Revolution und Verbrechen, führe nach Anarchie zur Tyrannei.

Natürlich sorgten sich dabei die Philosophen, die einen wichtigen Wesenszug zu großer Dichte richtig erkannt hatten, dabei nur um die Zahl der freien Bürger. Der Vorschlag, die Zahl der Metoiken (Gastarbeiter) oder Sklaven (für Aristoteles: belebte Werkzeuge) einzuschränken, wäre ihnen so wenig eingefallen, wie ein Plan zur Reduzierung des Federviehs.

Im erblühenden Rom ging es bald zu wie im untergehenden Athen. Edward Gibbon meint, daß von den ersten 15 Kaisern nur Claudius sich sexuell »völlig korrekt« verhalten habe. Schon zur Zeit des Octavian war in eleganten Familien Kinderlosigkeit Mode. Nach altrömischem Recht durfte der Pater familias unerwünschte Kinder auf Müllplätzen abliefern.

Religionsstifter und Priester hatten die Gefahren von zu geringer Fruchtbarkeit und Degeneration für ihre Art frühzeitig erkannt. Sie predigten dagegen. Alle großen Religionen stellten die Fortpflanzung unter ihren Schutz, genau wie die regionalen Religionen der Maya oder Japaner.

Zur Zeit von Christi Geburt entfiel auf je einen Quadratkilometer Land des Globus etwa ein Mensch. Die Weltbevölkerung zählte schätzungsweise 170 Millionen Menschen (drei Millionen davon im heutigen Deutschland).

Afrika, Amerika und Australien waren zu Lebzeiten Jesu nur spärlich besiedelt. Nicht einmal 10 Millionen wohnten in den drei Kontinenten.

Die Masse der Menschheit barg damals schon Asien mit über 100 Millionen Menschen. Und dort, über Asiens Weiten geschah es denn auch, daß die ersten Rauchpilze lokaler Bevölkerungs-Explosion aufsteigen sollten.

Die Hunnen und die Pest

»Im letzten Grunde beruht Kultur auf dem Nahrungs-Vorrat. Die Kathedrale und das Capitol, das Museum und der Konzertsaal sind die Fassade; im Hintergrund steht das Schlachthaus.«
Will Durant (1885–1981)

Iwan Maisky, elf Jahre sowjetischer Botschafter des Kreml am Hofe von St. James, hat einmal im Hause des späteren Lord Ritchie Calder of Balmashannar erzählt, daß er schon bald nach der Oktober-Revolution in die Äußere Mongolei entsandt worden sei, um die Lebensumstände der dortigen Stämme wissenschaftlich zu untersuchen. Dabei habe er entdeckt, daß die Nomaden sich über lange Perioden ihrer Historie hinweg in regelmäßigen Abständen verdoppelt hätten – sowohl die eigene Kopfzahl als auch die des lebenden Zubehörs: Pferde, Kühe und Schafe, Kamele und Hunde. Wann immer ihre Umwelt nicht länger fähig war, die sich verdichtende Zahl menschlicher und tierischer Fresser zu ernähren, seien die Nomaden zu neuen Weidegründen aufgebrochen. Die großen Eroberungszüge der hunnischen und mongolischen Horden könnten nach diesem Rhythmus datiert werden.

Maisky dachte an Attila, den König Etzel aus dem Nibelungenlied, der bis in die Champagne und nach Rom ritt, ehe ihn 453 n. Chr. in der Hochzeitsnacht der Schlag traf, an Temudschin, genannt Dschingis Khan, dessen Reich von Korea bis an die Pforten Europas reichte und an Timur den Lahmen aus Samarkand, der sich als Tamerlan in das Buch der Geschichte eintrug – und vor den Toren Delhis eine Pyramide aus 80 000 Schädeln seiner erschlagenen Feinde aufgeschichtet haben soll (stimmt die Zahl, müßte ein Sieger für eine vergleichbare Tat heute 3,2 Millionen Köpfe aufeinandertürmen).

H. G. Wells, der an jenem Tag Maiskys Bericht mitangehört hatte, war fasziniert. Er taufte die durch Übervölkerung zum Aufbruch getriebenen Horden, unter deren Hufen die Historie erzitterte, »Heuschrecken-Menschen«. Denn so, wie nach den Gesetzen der Physik ein durch Druck stark verdichtetes Gas seinen Zustand ändert und flüssig wird, so verwandelt sich nach den Gesetzen der Biologie die Heuschrecke bei großer Dichte: aus der grünen, nicht-wandernden Danica wird bei der ersten Häutung eine schwarz-rote Migratora. Und der bisher hopsende, seßhafte Einzelgänger steigt nun auf im tonnenschweren Schwarm, fliegt und fällt als Wolke der Vernichtung in blühendes Kulturland ein.

Indes: Ungleich verhängnisvoller als der Hungersturm der mongolischen Reiterheere erwies sich noch zu Tamerlans Lebzeiten für Europa der Blutdurst eines asiatischen Flohs. Er übertrug die Pest von Ratten auf Menschen.

Bei der Belagerung der Genueser Handelsbastion Kaffa auf der Krim 1347 durch die »Goldene Horde«, ließ der angreifende Khan mit Katapulten pestverseuchte Leichen in die Stadt schleudern.

Von Kaffa aus schleppten Schiffe die Seuche nach Italien ein. In den nächsten fünf Jahren wurden etwa 25 Millionen Menschen Opfer des »Schwarzen Todes« – mehr als ein Viertel aller Einwohner Europas, unter ihnen zwei Erzbischöfe von Canterbury, Königin Eleanor von Aragon und König Alfons XI. von Kastilien.

»Es bilden sich anfangs bei Männern und Frauen an den Leisten und Achselhöhlen Geschwulste. Manchmal so groß wie ein Apfel, manchmal wie ein Ei«, berichtet Giovanni Boccaccio im »Dekameron«. Und jenseits des Kanals klagte William Langland: »Gott ist taub in diesen Tagen ...«

Niemals – auch wenn die Pest noch mehrmals wiederkehrte – hat es in der Bevölkerungsentwicklung Europas einen vergleichbaren Einbruch gegeben; auf der demographischen Kurve des Erdteils nehmen sich dagegen der 30jährige Krieg und die beiden Weltkriege wie ein Schluckauf aus.

Es war die schwerste Katastrophe, die den Kontinent je heimsuchte. Landstriche verwaisten. Über

1 000 Ortsnamen verschwanden von den Landkarten. Arbeitskraft wurde teuer. Elend breitete sich aus. Arbeiten von Gunnar Heinsohn von der Universität Bremen erhärten den Verdacht, daß auch die im darauffolgenden Jahrhundert einsetzende Hexenverfolgung ihre Wurzeln in den bevölkerungspolitischen Auswirkungen der Pest-Katastrophe hatte.

Wieder war es die Kirche, die reagierte. Die Hirten mußten sich nach der Pest um den Bestand ihrer Herde sorgen – und die Hexenverfolgung war denn auch im Kern gegen jene gerichtet, die eine Auffrischung des Bestandes sabotierten: Hexen, »die ehelige Gliedmaßen bezaubern« (Martin Luther) und »Männer bei der Beiwohnung und Frauen an der Empfängnis« hinderten (Papst Innozenz VIII.). Vielfach waren es Hebammen. 500 000 Hexen wurden mit Sicherheit hingerichtet, vielleicht auch die doppelte Zahl. In Lothringen sandte ein Richter allein 800 Hexen auf den Scheiterhaufen.

Mit der Pest hatte das Mittelalter geendet. Die Hexenverfolgungen reichten schon in die Renaissance, das Bindeglied zwischen Mittelalter und Neuzeit.

China, dessen Herrschende kleine Hunde in ihren Ärmeln verstauten, war im Mittelalter weit an Europa vorbeigezogen; Porzellan, Pulver und Papier, Hochöfen und Gußeisen waren Jahrhunderte früher erfunden worden. Unter der Ming-Dynastie in China (1368–1644) erblühte dort nun die Macht des Großbürgertums und die Malerei; Chinas Bevölkerung wuchs auf 140 Millionen.

Frankreich hatte dagegen um 1500 n. Chr. 15 Millionen, Spanien nur 6,5 Millionen Einwohner.

Das Abendland blickte während der Renaissance bewundernd zur Antike zurück. Und doch wurde in dieser Zeit die entscheidende Schneise in die Zukunft der Neuzeit geschlagen, wohl folgenschwerer als die Reformation: die Erschließung der Welt für die europäische Schiffahrt.

Nur durch sie wurde die Eroberung Amerikas und Australiens und danach die wirkliche Weltherrschaft der abendländischen Zivilisation möglich.

Als Christoph Columbus in unbekanntem Alter das königliche Banner Spaniens am 12. Oktober 1492 am Strand der Bahama-Insel Guanahani aufpflanzte, lebten etwa 425 Millionen Menschen auf der Erde. Unermeßlich schienen ihnen Raum und Reichtum des Globus, unzerstörbar Umwelt und Natur. Die Weltgeschichte war zur Bevölkerungs-Explosion bereit.

Der Anbruch der Neuzeit

»Weißt Du, mein Sohn, mit wie wenig Weisheit die Welt regiert wird?«

Graf Oxenstierna (1583–1654)
in einem Brief an seinen Sohn

Der schwarzbärtige Habsburger Karl V. (1500 bis 1558), in dessen Reich die Sonne nie versank, war die letzte mächtige Figur der Renaissance. »Zu Gott spreche ich spanisch«, soll er gesagt haben: »zu Frauen italienisch, zu Männern französisch und deutsch zu meinem Pferd.«

Englands Elizabeth I. (1533–1603), jungfräuliche und launenhafte Tochter der sechsfingrigen Anna Boleyn, war die erste große Herrscherin der Neuzeit. Sie ließ aus ihren geflickten Bettlaken Mundtücher für ihre schöne Gefangene Maria Stuart nähen, besiegte die spanische Armada von Karls Sohn und öffnete England die Pforte zur Weltherrschaft. Ihr Land hatte vier Millionen Einwohner – weniger als Honduras heute.

Der Untergang der Armada von Karls Sohn Philipp II. wurde damals als Gottesurteil in manche

Münzen geprägt. Er steht wie ein Menetekel am Beginn der Neuzeit: ein Sieg der vielen Kleinen.

Die Europäer, die von 1150 bis 1600 rund 450 Jahre gebraucht hatten sich von 50 auf 100 Millionen zu verdoppeln, verdoppelten ihre Zahl nun noch einmal in der Hälfte der Zeit.

Und die Weltbevölkerung, die sogar von 1050–1660 gebraucht hatte, um sich von 273 Millionen auf 545 zu verdoppeln, verdoppelte sich nun ebenfalls bis 1825: auf 1,1 Milliarden.

Der Mensch hatte alle natürlichen Feinde seiner Art besiegt, die Unbill des Klimas durch Häuserbau, Heizung und Vorratswirtschaft überwunden und die Herrschaft der Epidemien gebrochen.

Seit der englische Landarzt Edward Jenner 1796 erstmals einen achtjährigen Jungen mit der Lymphe aus den Pocken-Pusteln an der Hand einer Melkerin impfte, waren durch die Entdeckung des Impfstoffs Seuchen zu kontrollierbaren Krankheiten geworden: Bis AIDS kam ...

Die Christen vollzogen den biblischen Auftrag der Genesis: »Seid fruchtbar und mehret Euch und füllet die Erde.« Ihr Glaube machte es ihnen leicht, die Order ohne Rücksicht auf Fauna und Flora auszuführen. »Herrscht über die Fische des Meeres, die Vögel des Himmels und über alle Wesen, die auf Erden sich regen«, hatte der christliche Gott befohlen. Und so geschah es.

Das Christentum betrachtete den Menschen nicht als Teil der Natur, sondern als ihren Meister. Flora und Fauna sollten ihm dienen. Das Echo dieser Auffassung hallt durch die abendländische Philosophie. Für Descartes waren die Tiere Maschinen, für Kant hatte der Mensch nur Verpflichtungen gegenüber sich selbst.

Die Natur wurde ruiniert, eine Tierart nach der anderen ausgerottet: in Europa der Auerochs, auf den noch Karl der Große jagte, in Amerika der Büffel, um die Sioux auszuhungern, und der Blauwal in »den grünen Weiden, die unseren Kindern und Kindeskindern Brot geben werden« (Hermann Melville).

Andere Religionen waren der Natur gegenüber weniger skrupellos (ihre Gläubigen allerdings auch weniger erfolgreich). Laotse, der angeblich auf Bitten des Grenzwächters Yiu-Hi am Grenzpaß Han-Gu seine Gedanken niederschrieb, bevor er auf einem schwarzen Büffel seinem unbekannten Ende fern der Heimat entgegenritt, ist die zentrale Figur des Taoismus, dessen 67. Gebot fordert: »Du sollst keine Weiden abbrennen und Bergwälder abbrennen.« Aber eben das war Alltag im Abendland.

Einer der wenigen weitsichtigen Christen, der die verlorengegangene Harmonie zwischen Natur und Mensch frühzeitig wiederherzustellen suchte, war Giovanni di Bernardone (gest. 1226), der Nachwelt unter dem Namen »Heiliger Franz von Assisi« als liebenswerter Tierfreund geläufig.

»Durch Zerstörung des heidnischen Animismus«, schrieb Lynn White jr., »wurde es dem Christentum möglich, ohne Anteilnahme an den Gefühlen der natürlichen Objekte die Natur auszubeuten.«

Seither gilt eine christliche Mitschuld an der Umweltzerstörung genauso als gegeben wie eine christliche Mitschuld an der Bevölkerungs-Explosion.

Diese Schuldzuweisung ist bezeichnend für die moderne Geschichtsbetrachtung. Handlungen in der Vergangenheit werden heute oft mit dem Wissensstand und der Moral der Gegenwart überprüft.

Was dabei herauskommt, wenn Dschingis Khan mit der Elle von Amnesty International gemessen wird, ist dabei naturgemäß wenig aufschlußreich.

Die Antwort auf die Frage, ob der Alte Fritz genug Demokratie gewagt habe, führt uns nicht weit.

Daß die weißen Kolonisatoren Afrikas und Amerikas Hottentotten und Rothäute als nicht gleichwertig ansahen, schien damals genauso moralisch wie Lobpreisung von Menschen-Recht und -Würde für diese Generation.

Ähnlich verhält es sich mit der Rolle des Christentums bei Bevölkerungs-Explosion und Umwelt-Zerstörung. Die katholische Kirche dürfte in den nächsten Jahrzehnten ihre Positionen zu Pille und

Abtreibung revidieren. Aber als die Religion entstand und sich ausbreitete, dienten ihre Gebote dem Überleben der damals noch gefährdeten Art. Wer sie rückwirkend verurteilt, mag auch verdammen, daß die Fische eines Tages aus dem Wasser krochen.

Das Jahrhundert von Malthus und Marx

»Mir ist es egal, wo sich die Menschen lieben, solange sie es nicht auf der Straße tun und die Pferde scheu machen.«

Mrs. Patrick Campbell (1865–1940)

Die Frage nach der idealen Menschenzahl hatte einige Geister schon vor dem Entstehen des Christentums beschäftigt – meist allerdings unter dem Gesichtspunkt der Staatsräson.

So hatte Plato 5 040 Haushaltsvorstände als wünschenswerte Größe für die griechischen Stadtstaaten bezeichnet. Denn diese Summe ist durch alle Zahlen unter 11 und durch alle Nicht-Primzahlen unter 22 teilbar. Sie hätte das Leben jeder Verwaltung bei Aushebungen, Nahrungszuteilungen und Steuereinziehungen versüßt und war daher – laut Plato – angemessen »für alle Verträge und Geschäfte einschließlich der Staatsabgaben und der Aufteilung des Landes.«

Machiavelli befaßte sich später mit dem Zusammenhang von Volkszahl und Wanderung. Mit zunehmender Bevölkerungsdichte wandelte sich die Problemstellung. Der Engländer William Petty (1623–1687) erkannte, soweit bekannt, als erster die Beziehung zwischen Volksdichte und wirtschaftlicher Entwicklung.

Auf dem Kontinent wies J. P. Süßmilch (1707–1767) in seinem Friedrich dem Großen gewidmeten Werk »Die göttliche Ordnung in den Veränderungen des menschlichen Geschlechts« als erster auf das Gesetz der großen Zahl hin.

Quesnay (1694–1774) und Mirabeau (1717–1789) untersuchten die Relationen von Bevölkerungszuwachs und Nahrung.

Im Februar 1766 wurde dann am St. Valentin's Day in Rookery (Surrey) dem englischen Bürger Malthus ein Sohn mit einer Hasenscharte geboren. Er erhielt den Namen Thomas Robert. Während seiner ersten drei Lebenswochen schauten die Philosophen David Hume und Jean Jacques Rousseau vorbei, der eine mit dem Vater befreundet, der andere vom Vater bewundert. Und Lord Keynes überlegte später, ob es wohl ein Kuß dieser beiden »Märchen-Paten« gewesen sei, der dem Kind seine intellektuellen Fähigkeiten geschenkt habe.

Thomas Robert Malthus studierte am Jesus College in Cambridge, trat in den geistlichen Stand ein, heiratete und wurde Professor für Geschichte am Haileybury College der allmächtigen East India Company.

Der Reverend war der erste Wissenschaftler, der die Gefahr unkontrollierten Bevölkerungs-Zuwachses auszumessen suchte und schroff konturiert umriß.

1798 veröffentlichte Malthus – zunächst anonym – einen »Essay on the Principle of Population as it Affects the Future Improvement of Society«, den er später noch viermal umarbeitete. Es war ein bedeutendes Werk, das Darwin zu seiner Theorie über die Entstehung der Arten durch Auslese anregte.

Malthus' These: Der Menschheit Hoffnung auf soziales Glück müsse eitel bleiben, solange ihre Fruchtbarkeit größer sei als ihre Produktion. Malthus: »Die Kraft der Bevölkerungs-Zahl ist unendlich viel größer als die in der Erde enthaltene Kraft, Existenzmittel für den Menschen zu schaffen.« Denn: »Die Bevölkerung vermehrt sich in geometrischer Reihe, Nahrung nimmt nur in arithmetischer Reihe zu.«

»Eine äußerste Niedertracht der Gedanken«, erregte sich darüber nach dem Tode von Malthus (im Jahre 1834) einer seiner Zeitgenossen namens Marx: »Eine Niedertracht, wie sie sich nur ein Priester leisten kann.« Für Marx bedeuteten mehr Menschen nicht mehr Probleme, sondern mehr Arbeit und mehr Produktion.

Marx hatte die falsche Idee zur rechten Zeit. Malthus hatte die rechte Idee zur falschen Zeit. Denn es ereignete sich zwar, was er vorhergesagt hatte: die Bevölkerung explodierte. Aber es trat auch ein, was er für unmöglich gehalten hatte: eine vergleichbare Explosion der Erzeugung aller lebenswichtigen Güter – sowohl durch die industrielle als auch durch die landwirtschaftliche Revolution.

»Derjenige«, so hatte der Ire Jonathan Swift (1667–1745) geschrieben, bevor sein Geist sich umnachtete, »der zwei Kolben Korn oder zwei Halme Gras auf einem Fleck Erde wachsen lassen kann, wo vordem nur einer wuchs, hat für die Menschheit und sein Land mehr getan, als die ganze Spezies der Politiker zusammen.«

Und eben das geschah – durch Chemie (Dünger und Insektizide), durch Technologie (motorisierte Ernte und Landbestellung) und durch immer neue Züchtungen bis in unsere Tage hinein. Alles Neuerungen, die Leben erhielten und gleichzeitig die Umwelt zerstörten.

Das Weizen-Institut in Mexiko und das Reis-Institut auf den Philippinen – beide von der Rockefeller- und der Ford-Stiftung ins Leben gerufen und finanziert – entwickelten Mitte dieses Jahrhunderts neue Sorten der beiden wichtigsten Nahrungsmittel der Welt, die doppelte, dreifache, ja sogar vierfache Erträge möglich machten.

Ob es uns gefällt oder nicht: die Menschheit verdankt ihre derzeitige Galgenfrist entscheidend den angehäuften Millionen zweier kapitalistischer Raubritter von legendärem Ruf.

Zeitweilig hatte in der ersten Hälfte dieses Jahrhunderts der Storch den Pflug überholt: die Bevölkerung wuchs schneller als die Ernten. Aber seit 1950 gelang es dem Pflug stets, den Storch einzuholen. Hunger und Hunger-Tote dieser Erde sind vorläufig eher das Resultat der Verteilungs-Schwierigkeiten als des Produktions-Potentials.

Dennoch erwies sich die Warnung des Thomas Robert Malthus im Kern als richtig. Wo die Reserven endlich sind, können die Verbraucher nicht unendlich wachsen. Und im 20. Jahrhundert begannen die Menschen dann auch schließlich mit dem Versuch, ihr Wachstum einzudämmen.

Wohlstand gegen Fruchtbarkeit

»Rien.«
Tagebuch-Eintragung
Ludwig XVI.
am 14. Juli 1789

»Madame de Montespan wohnte einer Parade bei«, notierte Liselotte von der Pfalz am Hof Ludwig XIV. über die neue Favoritin ihres Schwagers: »Als sie in die Nähe der deutschen Soldaten kam, fingen diese an zu schreien: Königshure, Königshure. Am Abend fragte der König, wie ihr die Parade gefallen habe. Sie antwortete: Sehr schön. Ich finde nur, daß die Deutschen sehr naiv sind, alle Dinge bei ihrem Namen zu nennen.«

Dreihundert Jahre später hätte die Mätresse des Sonnenkönigs Schwierigkeiten, ihre Deutschen wiederzuerkennen. Naiv mögen sie geblieben sein. Beim Namen aber nennen sie kaum noch ein Ding. Bei ihnen heißen heute Putzfrauen »Raumpflegerinnen«, Kriegsminister »Verteidigungsminister«, Greise »Senioren«. Wer feige ist, zeigt »Mut zur Angst«. Und die Kluft zwischen Industrie-Nationen und Entwicklungsländern gilt als »Nord-Süd-Gefälle«. Es gibt eine »Nord-Süd-Kommission«, einen »Nord-Süd-Dialog«, einen »Nord-Süd-Konflikt«.

Tatsächlich aber liegen die Entwicklungsländer keinesweg im Süden oder auf der südlichen Halbkugel dieses Planeten. Sie bilden vielmehr einen rund 6000 Kilometer breiten Gürtel rund um den Äquator, dessen sengende Glut mitten durch die drei Elends-Kontinente Asien, Afrika und Lateinamerika schneidet und deren Energien verdorren läßt. Nicht nur nördlich, sondern auch südlich davon existieren wohlhabendere Nationen: Australien, Argentinien, Südafrika.

Am Anfang war das Wort. Der »Nord-Süd«-Begriff ist schwammig und unscharf. Er läßt Ahnungslosigkeit ahnen. Die Ergebnisse vieler »Nord-Süd«-Aktivitäten zur Besserung der Lage sind entsprechend.

Es gibt bisher nur zwei taugliche Methoden zur Entschärfung der Bevölkerungs-Bombe in den Entwicklungsländern: Wohlstand oder Tyrannei.

Wohlstand – wie er in den Industrienationen herrscht - führt dazu, daß Eltern weniger Kinder zeugen, weil es in ihrem eigenen Interesse liegt. Die Bemühungen, das dafür notwendige Niveau des Lebensstandards in Entwicklungsländern zu schaffen, setzten an zwei Punkten an:

Die Industrie-Nationen leisten Entwicklungshilfe, damit wirtschaftlicher Fortschritt erzielt wird. Gleichzeitig versuchen die Entwicklungsländer selbst, die Geburtenrate zu senken, damit der menschliche Überfluß nicht allen wirtschaftlichen Zuwachs wieder auffrißt.

Verhütungsmittel, die diesem Zweck dienen, hatten die Menschen seit Jahrhunderten benutzt. Im Athen und Rom der Antike sollten Amulette aus dem Schoß einer Löwin vor unerwünschten Folgen bewahren. Ein griechischer Arzt riet vor 1900 Jahren dem schwächeren Geschlecht, während des männlichen Orgasmus die Luft anzuhalten und anschließend zu niesen. Die Frauen Japans schluckten Honig, in dem tote Bienen steckten. In Nordafrika tranken sie Wasser, mit denen Leichen gewaschen worden waren oder aßen Schaum vom Maul eines Kamels. Der babylonische Talmud gestattete: »Ein Weib darf einen Becher Wurzelsaft trinken, um unfruchtbar zu werden« (Traktat Jewannot 65 B). In der islamischen Welt kamen Spülungen mit Pfeffer auf; Tang oder Feigen, Bienenwachs oder ein Schwamm wurden als mechanische Sperren benutzt. Im Mittelalter trugen in Europa Damen das Herz eines Salamanders bei sich, wenn sie kein Kind empfangen wollten. 1584 wurden erstmals Kondome für Männer aus Leder und Leinen erwähnt, später auch aus Fischhäuten oder Schafdärmen.

Indes sie wirkten, wie die Marquise de Sévigné (1626–1696) an ihre in der Provence lebende Tochter schrieb, wie »eine Rüstung gegen das Vergnügen und ein Spinnennetz gegen die Gefahr«. Casanova de Seingalt schwor auf die Wirkung einer halben Zitrone.

Alle diese Rezepte für einen Genuß ohne Reue waren freilich für die eigene Lust erfunden, nicht für eine allgemeine Geburtenkontrolle. Familienplanung setzte erst nach dem Zweiten Weltkrieg ein, etwa gleichzeitig mit der Entwicklungshilfe.

Die Anstrengungen, die seither auf beiden Sektoren geleistet wurden, sind beeindruckend:

- In den Entwicklungsländern benutzen bereits über 400 Millionen Frauen Verhütungsmittel, nach Angaben von Weltbankpräsident A. W. Clausen rund 40 Prozent aller Paare. In Indien allein wurden 23 Millionen Menschen sterilisiert (im indischen Bundesstaat Uttar Pradesh erhalten Sozialarbeiter und Ärzte, die 55 Sterilisationen nachweisen können, ein Moped).
- Die Industrie-Nationen pumpten gleichzeitig Entwicklungshilfe in die Entwicklungsländer – allein in den Jahren 1980 bis 1982 über 80 Milliarden Dollar.

Und das Ergebnis?

In der gleichen Zeit – in den Jahren von 1980 bis 1982 – wuchs die Gesamtwirtschaft in den Entwicklungsländern um 1,9 Prozent, die Bevölkerung aber um 2,02 Prozent. Das bedeutet für den Lebensstandard: Rückschritt statt Fortschritt.

Der Versuch, dem Problem auf diese Weise beizukommen, hat sich zwar in kleinen Nationen (wie Taiwan) oder Stadtstaaten (wie Hongkong) als brauchbare Lösung erwiesen. In den von Armut und Ignoranz geschlagenen Weiten Asiens, Afrikas und Lateinamerikas aber kann ihm – falls überhaupt – selbst langfristig nur bescheidener Erfolg beschieden sein.

Versagt jedoch die süße Medizin der schnellen Entwicklung zum höheren Lebensstandard, dann bleibt nur die bittere Arznei der Diktatur. Dann muß die Geburtenrate mit der Gewalt des totalitären Staates gedrosselt werden. »Ich behaupte nicht, daß der Bevölkerungsdruck die Ursache des gegenwärtigen Trends zu autoritären Regimen ist«, schrieb Robert McNamara dieses Jahr vorsichtig in »Foreign Affairs«: »Aber es spielt sicher eine wichtige Rolle.« Denn das volkreichste Land der Welt, China, hat bereits gezeigt, daß es möglich ist, mit der Macht der Zwangsherrschaft die Kraft der Fruchtbarkeit zu brechen: Schrecken und Hoffnung zugleich.

Schrecken und Hoffnung aus China

»Der Mensch ist das einzige Wesen auf Erden, das vor Scham errötet oder Grund zum Erröten aus Scham hat.«

Mark Twain (1835-1910)

In China hat seit Beginn der Geschichte etwa ein Viertel der Menschheit gewohnt.

Zeit	Welt	China
	(in Millionen)	
1 n. Chr.	170	53
600 n. Chr.	200	50
1500 n. Chr.	425	110
1700 n. Chr.	610	160
1985 n. Chr.	4800	1 012

Die Kraft der großen Zahl gab den Chinesen dabei stets instinktiv ein Gefühl der Überlegenheit.

Vor über 2000 Jahren erhielt der chinesische Offizier Sun Tzu die Order von seinem König Ho-lü, den 180 Frauen des Palastes Grundzüge militärischer Disziplin beizubringen. Die Damen wurden daraufhin zum Exerzieren in zwei Kompanien unter Führung der beiden Lieblingskonkubinen des Herrschers eingeteilt. Allein der Versuch, ihnen militärischen Drill beizubringen, versandete alsbald im schulmädchenhaften Gekicher. »Wenn Befehle nicht ausgeführt werden, ist es Schuld der Offiziere«, befand Sun Tzu und ließ die beiden Lieblingskonkubinen des Monarchen hinrichten.

Den schmerzhaften Verlust beklagend, die wirkungsvolle Grausamkeit bewundernd, ernannte der König Sun Tzu zum General und Oberbefehlshaber. Er wurde zu einem der strahlendsten Kriegsherrn Chinas und der Clausewitz Asiens. In 13 Kapiteln faßte Sun Tzu »die Kunst des Krieges« zusammen. Eines seiner wichtigsten Rezepte dieser Kunst trägt unverkennbar chinesischen Charakter: »Wenn Du dem Feind fünfmal überlegen bist, greife ihn an ...«

Dieses Vertrauen in die menschliche Quantität ist es, die sich quer durch Chinas Historie zieht. Als die Mongolen China unterdrückten, durfte nur jede zehnte Familie ein großes Küchenmesser besitzen – immer noch zu viele für die Besetzer. Beim Vollmond im August des Jahres 1368 wurden sie umgebracht; die Ming-Dynastie war geboren. In jedem Konflikt scheint den Chinesen schon durch die Masse der Endsieg in Form des Überlebens von vornherein garantiert zu sein.

Während des chinesisch-japanischen Krieges in

den 30er Jahren dieses Jahrhunderts hatten die ersten Siegesmeldungen der Japaner aus der Mandschurei verblüffende Ähnlichkeit mit jenen Erfolgsbotschaften, die eine Generation später die Amerikaner aus Vietnam funkten: ein Scharmützel kostete zwei Japanern und 20 Chinesen das Leben; in einem Gefecht fielen acht Japaner und 180 Chinesen; nach einer Schlacht wurden 14 japanische und über 300 chinesische Tote gezählt. Doch je ungeheuerlicher sich in den täglichen Radiomeldungen das Verhältnis der Verlustziffern zu Ungunsten der Chinesen verschob, desto breiter wurde das Lächeln auf dem Gesicht des chinesischen Boys eines meiner amerikanischen Freunde. Nach dem Grund seiner Heiterkeit befragt, antwortete der kleine Chinese damals: »Pretty soon no more Japanese« (Bald keine Japaner mehr).

»Laßt China schlafen«, soll schon Napoleon gewarnt haben: »Wenn es erwacht, wird es die Welt bedauern.« Längst ist es erwacht. »Was wäre«, so fragte deshalb Singapurs Staatsmann Lee Kuan Yew über 100 Jahre nach dem Tod des kleinen Korsen, »wenn China sich eines Tages in Bewegung setzt?« Ja, was wäre dann? Wie sollte wer es stoppen? Denn würde in einem Konflikt jeden Monat eine Million Chinesen fallen, dann lebten am Ende des ersten Kriegsjahres immer noch mehr Chinesen auf Erden als zu dessen Beginn.

Benommen steht die Welt vor solcher Menschenmacht.

Und der Kabarett-Witz hat vorweggenommen, daß ein Ringen mit China nicht mehr wie Tannenberg oder Stalingrad zu gewinnen wäre: »Am ersten Tag eines sowjetisch-chinesischen Konfliktes gibt das Oberkommando in Moskau die Gefangennahme von 20 Millionen Chinesen bekannt, am zweiten Tag von 40 Millionen Chinesen, am dritten Tag von 80 Millionen Chinesen. Am vierten Tag meldet Radio Moskau 300 Millionen chinesische Gefangene und verkündet gleichzeitig die sowjetische Kapitulation.«

Wenn ein Mensch eine Parade der neugeborenen Chinesen abnehmen wollte, würde die Schlange der Babys nie abreißen: sie werden schneller geboren, als sie an dem Zuschauer vorbeikrabbeln könnten: 1369 in der Stunde.

Die Disziplin der Chinesen, ihre Fähigkeit in großer Dichte auf engem Raum zusammenzuleben und gemeinsame Leistungen zu vollbringen, läßt sie für eine Führungsrolle in einer übervölkerten Welt prädestiniert erscheinen.

In keinem anderen Reich haben sich Drama und Tragödie der Bevölkerungs-Explosion so eindrucksvoll entfaltet wie in China, in keinem anderen Land aber auch sind einer Regierung schließlich so eindrucksvolle Erfolge im Kampf gegen die Übervölkerung gelungen. China hat seine Zuwachsrate in einem Jahrzehnt von 2,4 auf 1,2 Prozent halbiert.

In den ersten Jahren noch Maos Machtergreifung 1949 war jede Geburtenbeschränkung in China verpönt, als »unmenschliche Verschwörung, das chinesische Volk ohne Blutvergießen auszurotten«. Die Einfuhr aller Verhütungsmittel wurde verboten.

Mitte der 50er Jahre begann ein Umdenken. Geburtenkontrolle wurde propagiert. Im nationalen Volkskongreß pries 1956 ein Abgeordneter ein Geheimrezept »reformierter Prostituierter« aus Shangai für die Verhütung:

»Frische Kaulquappen, die im Frühling ausgeschlüpft sind, müssen gut im kalten Wasser abgewaschen und drei oder vier Tage nach der Menstruation ganz heruntergeschluckt werden. Wenn eine Frau 14 lebende Kaulquappen am ersten Tag und zehn weitere am Tag darauf zu sich nimmt, wird sie fünf Jahre lang kein Kind empfangen...«

Noch ehe sich die Geschäfts-Geheimnisse aus Shanghai als Bluff erwiesen, setzte Mao zum »grossen Sprung nach vorn« an. Diese Politik einer gewaltsamen Industrialisierung führte in den Jahren von 1958 bis 1961 zu einer der größten Hungersnöte der Neuzeit mit über 30 Millionen Toten, eine Katastrophe, von der der Westen über 20 Jahre nichts erfuhr (bis im Dezember 1984 ein Bericht in der

»Population and Development Review« erschien). Familienplanung war damals naturgemäß in China kein Thema mehr.

In den 70er Jahren aber wurde mit der Geburtenkontrolle wieder ernst gemacht: nun allerdings auch mit der Konsequenz eines totalitären Regimes, das den perfekten Zugriff auf jeden Bürger hat, selbst noch in dessen Schlafzimmer.

»Geburtenreglung in China wird nach dem Prinzip durchgeführt, Anweisungen des Staates mit Freiwilligkeit der Massen zu verbinden«, heisst es dazu in der Terminologie des autoritären Staates.

»Zweit-Geburten streng kontrollieren und weitere Geburten entschieden verhindern«, lautete die Richtlinie der Regierung.

Der Staat sterilisierte 46 Millionen Menschen. Der Staat gibt kostenlos Verhütungsmittel aus. Der Staat überprüft, ob sie genutzt werden. Der Staat fördert späte Eheschließungen. Kinderreiche Familien werden schikaniert. Kinderarme Familien werden prämiert.

Das Ziel der Regierung ist die Ein-Kind-Familie. Eine Folge: da in China traditionell ein Sohn für wertvoller angesehen wird als eine Tochter (»Mehr Söhne, mehr Glück«), töten nun Eltern neugeborene Mädchen.

Auch der Staat übte Gewalt.

In den letzten fünf Jahren wurden im Zuge der

chinesischen Familienplanung angeblich über 50 Millionen Abtreibungen vorgenommen – zum Teil wohl in grausamer Form, zum Teil noch augenscheinlich kurz vor der Geburt und nach Schätzungen von Stephen W. Mosher im »Wall Street Journal« in neun von zehn Fällen gegen den Willen der Mutter.

Staatlich gelenkte gewaltsame Vernichtung ungeborenen Lebens – ist das der Ausweg aus der Übervölkerungskrise?

Quarantäne für die Habenichtse?

> »Wir müssen alle zusammen hängen – oder wir werden einzeln gehängt.«
> *Benjamin Franklin* (1706-1790)

In der alliierten Militärmedizin gab es im Ersten Weltkrieg den Begriff »Triage«. Dahinter verbarg sich ein Verfahren, das angewendet wurde, wenn auf einem Verbandsplatz so viele Verwundete eingeliefert wurden, daß sie von dem vorhandenen Personal nicht mehr versorgt werden konnten. Dann galt folgende Regel:

- Wer so leicht verletzt war, daß er auch ohne ärztliche Hilfe überleben würde, wurde nicht behandelt.
- Wer so schwer verletzt war, daß er auch trotz ärztlicher Hilfe sterben würde, wurde nicht behandelt.
- Nur die, bei denen Leben oder Sterben von ärztlicher Behandlung abhingen, wurden versorgt.

In ihrem Buch »Famine – 1973« schlugen William und Paul Paddock vor, die beschränkten Mittel der

Entwicklungshilfe an die von Hunger und Bevölkerungs-Explosion bedrohten Länder ähnlich zu vergeben: wer es auch ohne Hilfe schaffen könnte oder trotz Hilfe zugrunde gehen würde, sollte nichts erhalten.

Die Bevölkerungs-Explosion ist vornehmlich ein Problem der Dritten Welt. Und wenn wir schon nicht allen helfen können – sollten wir dann nicht die Hilfe dorthin leiten, wo sie den Ausschlag geben kann und die Ärmsten der Armen sich selbst überlassen?

Eine solche Quarantäne-Lösung hätte keine Chance:

- Moralisch wäre sie verwerflich.
- Militärisch wäre sie schwer kontrollierbar; Verhungernde müßten alles riskieren.
- Wirtschaftlich wäre sie nur bedingt tauglich. Unterschiedliche Industrie-Nationen brauchen unterschiedliche Entwicklungsländer als Rohstoff-Lieferanten und Export-Märkte. Und wenn die Entwicklungsländer ihre Schulden streichen würden, wäre eine internationale Finanzkrise unvermeidlich.
- Politisch würden die westlichen Industrie-Nationen eine Quarantäne-Lösung nicht durchhalten.

Schon das Fernsehen macht sie unmöglich.

Die öffentliche Verdammung der Amerikaner wegen Vietnam war in der nichtkommunistischen

Welt bezeichnenderweise in jenen Ländern am populärsten, die über die größte Fernsehdichte verfügen.

Seit der Hunger-Katastrophe von Äthiopien wissen wir auch, wie es ist, Kinder auf dem Bildschirm im eigenen Wohnzimmer an Hunger sterben zu sehen. Und das war nur ein Vorgeschmack von dem, was kommen könnte.

Die Menschen und ihre Regierungen in der westlichen Welt können millionenfachen Tod durch Hunger und Gewalt in der Dritten Welt nicht tatenlos hinnehmen – aus welchen Gründen auch immer.

Der Grad menschlicher Anteilnahme hängt von der Entfernung ab. Ein Mord im eigenen Haus verändert unser Leben. Beim Nachbarn beschäftigt er uns ein paar Wochen. Über einen Mord in der nächsten Stadt wollen wir am Abend gerade noch eine Zeitungsnotiz lesen.

Es gibt wenige Menschen, die zusehen würden, wenn vor ihrer Tür ein Kind verblutete. Es gibt noch weniger Menschen, die nicht schlafen können, weil jeden Tag ein paar tausend Kinder auf dieser Welt am Hunger zugrunde gehen. Denn sie sterben weit weg. Das Baby, das in Peru verhungert, stirbt außerhalb unserer Mitleidzone. Ferne Tränen sind für uns Wasser.

Aber die Erde schrumpft. Als der Tatar Boris Godunow gekrönt wurde, da schmierte sich das

Volk Speichel in die Augen, um Zähren der Rührung vorzutäuschen. Als John F. Kennedy in Dallas niedergeschossen worden war, da konnte man auf den Straßen Warschaus Polen echte Tränen weinen sehen. Der Präsident Amerikas war den Polen 1964 näher als 1598 der Zar den eigenen Russen.

Es gibt keinen Zweifel: die »Planetarisierung der Gattung«, wie der katholische Philosoph Teilhard de Chardin es nannte, hat begonnen. Eine globale Ära ist angebrochen.

Die modernen Kommunikationsmedien machen uns zu Ohren- und Augenzeugen der jenseits des Horizonts abrollenden Geschichte. Wenn »hinten weit in der Türkei die Völker aufeinanderschlagen«, dann war es für Goethes Bürger im »Faust« der ideale Plausch an »Sonn- und Feiertagen«. Heute erfüllt der Lärm eines solchen Waffenganges unser Wohnzimmer in Stereo; die Menschen sterben in Farbe auf unseren Mattscheiben.

Ferne Erdteile sind nicht länger fern. Die Technologie knüpft ein ständig dichter werdendes Netz wirtschaftlicher und kultureller Maschen um den Globus. Menschliche Fortbewegung mit Überschallgeschwindigkeit verringert die Distanz zwischen den Kontinenten. Der Ozean, den die »Santa Maria« des Columbus in zwei Monaten übersegelte, wird von der »Concorde« in drei Stunden überflogen.

Moden wie Jeans oder der Mini-Rock, VW und Coca-Cola, Taschenrechner oder Transistor, Generationsprobleme oder Terrorismus – sie alle sind nicht mehr auf einen Kulturkreis beschränkt, sondern in allen bewohnten Kontinenten zu finden.

Rassen und Klassen, Erdteile und Kulturen dieser Erde sind näher aneinandergerückt und wechselseitig voneinander abhängig geworden. Die Menschen suchen die gleichen Genüsse, kämpfen mit den gleichen Waffen und frönen den gleichen Lastern. Sie konsumieren die gleichen Produkte und stehen vor den gleichen Gefahren.

Alle Dämme, die Industrie-Nationen errichten könnten, um die Gefahren der menschlichen Springflut in den Entwicklungsländern zurückzustauen, würden darum nicht halten und brechen, so wie Limes, Chinesische Mauer und Maginot-Linie unter dem Ansturm der Barbaren zerbrachen.

Die Welt ist geteilt in reiche und arme Nationen. Aber in letzter Konsequenz muß das Schicksal der einen das Schicksal der anderen werden. Die Lager sind unlöslich miteinander verbunden, wie die siamesischen Zwillinge Chang und Eng, die zuerst im Zirkus Barnum ausgestellt waren, dann mit zwei englischen Schwestern 22 Kinder zeugten und schließlich gemeinsam starben – innerhalb von zwei Stunden mußte der eine dem anderen ins Jenseits folgen.

»Dieser Planet Erde«, erkannte die englische Wissenschaftlerin Barbara Ward schon vor Jahren, »hat auf seiner Reise durch die Unendlichkeit die Intimität, die Gemeinschaft und die Verwundbarkeit eines Raumschiffs gewonnen.«

Die Besatzung von Raumschiff Erde wird gemeinsam überleben oder zugrunde gehen. Die Chancen im Salon sind nicht größer als im Maschinenraum.

»Wenn eine freie Gesellschaft nicht den vielen helfen kann, die arm sind«, sagte John F. Kennedy, »kann sie auch nicht die wenigen retten, die reich sind.«

Ob wir es wollen oder nicht: wir werden die Entwicklungsländer retten müssen, um uns selbst zu retten.

Nie hat die Menschheit vor einer größeren Aufgabe gestanden.

Naturgemäß richten sie die Erwartungen in dieser Situation an jene Kultur, deren Geschichte bisher die größte Erfolgsgeschichte der Menschheit war: die abendländische Zivilisation.

Der Zustand des Westens

»Das habe ich getan,
sagt mein Gedächtnis.
Das kann ich nicht getan haben,
sagt mein Stolz.
Endlich gibt das Gedächtnis nach.«
Friedrich Nietzsche (1844-1900)

Seit den Sauriern hat nie jemand so umfassend über die Erde geherrscht, wie die Weißen zu Anfang dieses Jahrhunderts. In der Handhabung von Macht und Materie hatten sie sich allen anderen Erdbewohnern überlegen erwiesen.

Von einem Kontinent (Europa) aufbrechend, hatte die abendländische Zivilisation zwei andere dazu erobert (Amerika und Australien) und zwei weitere tributpflichtig gemacht (Asien und Afrika).

Die abendländische Zivilisation wanderte dabei dem Lauf der Sonne folgend von Osten nach Westen aus. Von Griechenland über Rom und Madrid, Paris und London nach Amerika. Je weiter sie zog, um so machtvoller, reicher und wissender wurde sie.

Auch die neue Welt wurde von ihr von Ost nach West erobert. »Go west young man, and grow up with the Country«, rief Horace Greely (1811–1872).

»Go west, young man, go west«, sang John L. B. Soule (1815–1891).

Der große Treck nach Westen ist noch immer nicht zuende. Ein Wohlstands- und Technologie-Gefälle, wie es zwischen der alten und der neuen Welt existiert, zeichnet sich nun auch bereits zwischen Ost- und Westküste Amerikas ab.

Kalifornien, der Staat, der ein größeres Bruttosozialprodukt als China erwirtschaftet, dem zwei der vier letzten Präsidenten entsprangen und der seit Ende des Zweiten Weltkrieges mehr Nobelpreisträger für Physik stellte als jedes andere Land der Welt, Kalifornien, in dem das Silicon Valley liegt und das zum einflußreichsten Bundesstaat der USA wurde, ist zu einer neuer Zitadelle der abendländischen Hochkultur geworden.

Der viel beschworene Untergang des Abendlandes hat noch nicht stattgefunden (alle drei grossen geistigen Veränderer der letzten 150 Jahre wurden noch in der alten Welt geboren: Marx, Freud und Einstein). Doch das Machtzentrum der Zivilisation hat sich zweifellos weit nach Westen verlagert. Und die Stammlande der Hochkultur befinden sich nicht in bester Verfassung. Sie stecken in der Krise.

Die Symptome, die das Überschreiten des Zenits einer Zivilisation signalisieren, haben sich im Lauf der Geschichte nur unwesentlich geändert. Vier von ihnen sind heute im Westen weit verbreitet:

- Zweifel an der eigenen Kultur: Manche Deutsche schämen sich für Preussen und Bismarck, manche Europäer für Kolonisation und Missionare, manche Amerikaner für die Ausrottung der Indianer, obgleich die Landnahme der Pioniere sicher nichts anderes war als einst die Landnahme der Goten. Verlierer von gestern wurden für eine verunsicherte Generation Helden von heute; denen, die von der abendländischen Kultur bekehrt oder besiegt wurden, gilt ein erhöhtes Mitgefühl.
- Energieverlust durch Wohlstand: Immer mehr genießen, immer weniger arbeiten, ist das erklärte Ziel vieler Menschen in drei Kontinenten. Freizeit wird weithin für Freiheit gehalten. Als das Römische Reich unter Octavian in der Blüte seiner Kraft stand, hatten seine freien Bürger sechsundsiebzig Feiertage; als Nero, letzter Kaiser aus der Familie des Julius Cäsar, ein Jahrhundert später Selbstmord beging (»Was für einen Künstler verliert die Welt in mir«), waren es 176 Feiertage. Nicht nur Gewerkschafter würden das heute als Fortschritt bezeichnen.
- Streben nach sexueller Freizügigkeit: Seit J. D. Unwin in einer völkerkundlichen Untersuchung in achtzig Kulturkreisen ein Abhängigkeitsverhältnis von vorehelicher Enthaltsamkeit und sozialen Energien einer Gemeinschaft festgestellt hat, steht es jeder Gesellschaft frei, bewußt

zwischen dem Genuß sexueller Freiheiten oder der Entfaltung sozialer Kraft zu wählen. Jedes hat sicher etwas für sich. Aber leider geht eines offenbar auf Kosten des anderen.

- Die Scheu vor der letzten Konsequenz: Kein Weltbeweger, kein Pharao und kein Kreuzritter, kein Napoleon, kein Tamerlan und kein Stauffenberg hat je daran gezweifelt, daß es Dinge gab, die einen höheren Wert besitzen als das Leben. Für diesen Wert konnte Leben genommen und gegeben werden. »Süß und ehrenvoll ist es fürs Vaterland zu sterben«, sang Horaz. Das Leben sei der Güter Höchstes nicht, meinte Schiller. »Lewer duad üs Slaav«, hieß es bei den Friesen. »Lieber rot als tot«, hört man heute, offenbar eine veränderte Sicht der Dinge.

Diese vier Symptome – die heute in unterschiedlicher Ausprägung überall im Kulturkreis zu finden sind – waren stets Gefährten auf dem Weg talwärts.

Das heißt nicht, daß es sich in Reichen, die ihren Höhepunkt überschritten haben, später nicht gut leben ließe. Athen und Rom der Gegenwart sind dafür eindrucksvolle Beispiele. Doch das von Arnold Toynbee entdeckte geschichtliche Gesetz des Aufstiegs von »challenge and response«, von »Herausforderung und Antwort« funktioniert dann nicht mehr. Die große Herausforderung produziert nicht länger die noch größere Antwort, sondern wird gar nicht mehr angenommen.

Wird die westliche Welt die Herausforderung der Bevölkerungs-Explosion erkennen und annehmen?

Ich hoffe es; Skepsis ist gestattet.

Ungewißheit als Hoffnung

»Der Mensch ist gar nicht böse von Jugend auf. Er ist nur nicht ganz gut genug für die Anforderungen des modernen Gesellschaftslebens.«
Konrad Lorenz (geb. 1903)

»An vielen Orten und für viele Zwecke«, konstatierte C. P. Snow mit angelsächsischer Unbekümmertheit schon vor 20 Jahren, »gibt es bereits zu viele Menschen auf der Welt – einschließlich einiger der wesentlichen menschlichen Zwecke.«

Ähnlich denkt der US-Biologe Paul Ehrlich. Er errechnete als ideale Bevölkerungszahl für die Vereinigten Staaten 150 Millionen. Es sind aber schon 237 Millionen.

Und auch der deutsche Astrophysiker Heinz Haber kommt durch eine interessante Berechnung zu dem Schluß, daß die kritische Grenze längst überschritten sei. Er geht davon aus, daß immer dann Verschmutzungsalarm geboten sei, wenn »die Zugabe von Schad- oder Giftstoffen in natürlichen sauberen Elementen eine Relation von eins zu einer Million – das heißt: ein Gramm auf eine Tonne –«

überschreite. Da der Mensch als Mitglied der Fauna ein Parasit der Flora sei, dürfe auch sein Gewicht diese Relation nicht überschreiten, damit er nicht als Schadstoff vergiftend wirke. Was übrigbleibt ist eine komplizierte Rechnung über das Gewicht von Fauna und Flora. Habers Ergebnis: »Die Menschheit sollte bestimmt maximal nicht mehr als 200, besser nur 175 Millionen Tonnen wiegen.« Nimmt man ein Durchschnittsgewicht von 50 Kilo an, so wären das höchstens vier Milliarden Menschen. Wir sind aber schon 4,8 Milliarden.

Kaum Zweifel: weniger Menschen auf Erden wären wohl wünschenswert für alle Beteiligten, für Mensch und Tier, für Pflanze und Planet. Nur: diese Welt ist nicht mehr zu bekommen. Es gibt solche Fälle. »Deutschland wäre reizend, wenn die Deutschen nicht wären«, notierte die junge Duchess of Marlborough, geb. Vanderbilt, nach einer Reise zum Volk der Dichter und Denker. Doch das eine war ohne das andere nun einmal nicht mehr zu haben.

Selbst wenn die Industrie-Nationen ihre Entwicklungshilfe und die Entwicklungsländer ihre Anstrengungen zur Geburtenkontrolle verdoppeln würden – was beide tun sollten – wird es auch in Jahrzehnten noch keine rückläufige Bevölkerungsdichte bringen.

Statt dessen haben wir uns auf folgendes einzurichten:

Auf einer Konferenz in Bukarest beschlossen die Vereinten Nationen 1974 ein »World Population Plan of Action«. 87 der 158 UN-Mitglieder, in denen 95 Prozent aller Menschen der Entwicklungsländer leben, betreiben seitdem Familienplanung in der einen oder anderen Form.

Zwei Milliarden Dollar wurden dafür jedes Jahr ausgegeben.

Das Ergebnis: die Zuwachsrate der Menschheit sank in den letzten zehn Jahren von 2,0 auf 1,7 Prozent (vor allem durch die radikalen Methoden Chinas).

Das heißt: der Zuwachs der Weltbevölkerung nimmt zwar prozentual ab, ist aber in absoluten Zahlen immer noch größer als vor 10 Jahren (Zunahme 1985: 77 Millionen). Immerhin, das Tempo des Wachstums hat sich verringert.

Kann diese Tempo-Verlangsamung fortgesetzt werden (was ohne Ausdehnung der chinesischen Praktiken kaum möglich ist), dann wird sich die Weltbevölkerung nach Hochrechnungen der UNO in 65 Jahren, nach Hochrechnungen des »World Population Council« in 55 Jahren verdoppeln.

Das heißt: spätestens im Jahre 2050 würden statt 4,8 über 9 Milliarden Menschen auf der Erde wimmeln – es sei denn, wir erleben vorher eine globale Katastrophe, seien es Seuchen, sei es Atomkrieg.

Nehmen die Zuwachsraten danach weiter ab

(rigorose Regierungen könnten dem Trinkwasser steril machende Zusätze beifügen), dann würde sich die Weltbevölkerung – nach Ansicht der UNO – frühestens im etwa 120 Jahren bei etwa elf Milliarden stabilisieren.

Das heißt: dann lebten auf jedem Quadratkilometer Festland 73 Menschen, dann wäre der gesamte Planet – einschließlich Sahara und Antarktis – dreimal so dicht besiedelt wie die USA heute.

Könnte der Planet überhaupt so viele Menschen verkraften, ernähren und versorgen?

Die Ernährung und Rohstoffversorgung scheint in den nächsten 100 Jahren möglich. In den letzten 30 Jahren hat sich die Weltgetreideproduktion verdoppelt, und sie kann sich – dem FAO-Bericht »Agriculture« zufolge – bis zur Jahrhundertwende abermals verdoppeln.

Bernard Gillar, einer der führenden Ernährungswissenschaftler, kommt bei vorsichtigen, von der Weltbank veröffentlichten Berechnungen zu dem Schluß, daß die Erde in 100 Jahren sicher 7,5 Milliarden üppig und 11 Milliarden Menschen zu heutigen Bedingungen ernähren kann.

Damit wäre die Grundvoraussetzung erfüllt, die der Menschheit 100 Jahre schenken könnte, um ihre Angelegenheiten zu ordnen.

Allerdings bemerkte Ökologe Paul Lears zu Recht: »Auch wenn jeder Mensch genug Nahrung erhält, wäre es angenehm, nicht im Stehen essen zu müssen.«

Die Pointe hat einen ernsten Kern. Auch wenn eine verdoppelte Menschheit in 100 Jahren noch zu ernähren und zu versorgen ist – ihre Welt wird mit unserer Welt kaum noch Ähnlichkeit haben. Ob dann zu große Dichte die Menschen entarten läßt wie Ratten, ob Rohstoffe und Wasser dann noch reichen oder ob dann Klima-Änderung und Umweltvergiftung Kontinente entvölkern – das alles weiß niemand zu sagen. Was immer für Betrachtungen darüber angestellt wurden – sie sind reine Spekulation.

Aber 100 Jahre Frist für die Menschheit sind immerhin denkbar, wenn den Menschen gelingt, so lange zu kontrollieren, was sie kreiirten – von der Bombe bis zu Umwelt-Giften. Das wird schwierig genug sein. Was danach kommt, entzieht sich gnädig unserer Vorstellungskraft und liegt im Dunkeln. Eine Entfernung von nur drei Generationen und doch undurchdringliche Finsternis. Gerade diese absolute Ungewißheit ist es allerdings, die auch Hoffnung in ihrem Schoß birgt.

100 Jahre Galgenfrist

»Gott würfelt nicht«
Albert Einstein (1879-1955)

Die Hoffnung der Menschheit ist das zunehmende Tempo ihrer Geschichte. Das mittlere Reich der Pharaonen hielt 3000 Jahre, die Shang-Dynastie in China 500 Jahre, die Herrschaft der Romanow in Rußland 300 Jahre. Und immer schneller vollzogen sich Aufstieg und Verfall der Reiche.

Die Briten brauchten 700 Jahre, um sich als Weltmacht zu etablieren: von der Schlacht bei Hastings 1066 bis zum Frieden von Paris 1763, der ihnen Indien und Kanada bescherte.

Die Amerikaner legten die gleiche Wegstrecke in 136 Jahren zurück: von 1781, als Cornwallis sich dem amerikanischen Freiheitshelden (mit 216 Sklaven) George Washington ergab und die englischen Regimenter ihre Waffen zu den Klängen der melancholischen Melodie »Die Welt steht Kopf« (»The World turned upside down«) ablegten, bis zum Eintritt der USA in den Weltkrieg 1917, als die Welt wieder auf ihre Beine gestellt wurde.

Die Sowjets benötigten 28 Jahren: von der Oktober-Revolution 1917 bis zum Sieg im Zweiten Weltkrieg 1945. Und die Chinesen nur noch 15 Jahre: von Maos griff nach der Macht 1949, bis zum Griff nach dem neuen Weltmachtzepter 1964. Da explodierte Chinas erste Atombombe.

Diese rasante Beschleunigung der Grundgeschwindigkeit ist in allen Bereichen ablesbar.

Jules Verne ließ seinen Phileas Fogg in 80 Tagen um die Welt reisen. Und als die Geschichte gerade zum Musical wurde, da umkreiste der US-Astronaut Shirra den Globus schon in 90 Minuten.

Im gleichen Jahre 1872, als Jules Verne seinen Phileas Fogg erfand, konstatierte der französische Historiker Jules Michelet: »In einem einfachen Menschenleben von 72 Jahren habe ich zwei große Revolutionen erlebt, die vor Zeiten einander vielleicht im Abstand von 2000 Jahren gefolgt wären: meine Geburt fällt in die große Revolution des Landbesitzes, und in diesen Tagen, noch vor meinem Tod, habe ich den Beginn der industriellen Revolution gesehen.«

Wie die Gesellschaft, so die Wissenschaft. Menschliches Wissen, so sagte einmal Pasqual Jordan, breite sich aus wie ein Fettfleck auf Löschpapier: je größer er werde, um so größer werde seine

Grenze an das Unbekannte. Und um so mehr Entdeckungen werden in immer kürzeren Zeit gemacht. In den letzten dreißig Jahren gab es mehr Erfindungen als in den vorangegangenen 300 Jahren. Computer, so beobachtete Barbara Ward, erledigten heute »500 Jahre Arbeit von 500 Wissenschaftlern in fünf Minuten«. Und immer schneller dreht sich das Rad der Geschichte. In den letzten 40 Jahren wurden über 70 souveräne Staaten geboren. Feldzüge dauern nur noch Tage, und Staatsmänner werden vergessen, ehe sie begraben sind.

Wer hätte 1935, vor nur 50 Jahren, gedacht, daß wir 1985 – wie Arthur Koestler schrieb – »zum Mond reisen können, aber nicht von Ost- nach West-Berlin?« Vor 100 Jahren baute Karl Benz sein erstes Auto. Es gab kein Flugzeug und kein Fernsehen, keine Atomkraft, keinen Astronauten und keinen Computer, keine Waschmaschine und keinen Bypass. Kaum vorstellbar hat sich die Welt seither geändert. Und völlig unvorstellbar ist, wie sie sich – bei weiter zunehmendem Tempo – in den nächsten 100 Jahren verändern wird, in jenen 100 Jahren, in denen die Versorgung und die Ernährung einer verdoppelten Menschheit möglich scheint. Denn nicht nur die Menschheit explodiert, auch ihr Geist.

Gen-Ingenieure sind dem Geheimnis auf der Spur Genie zu klonen. Die Wasserstoff-Fusion würde es möglich machen, mit einem Eimer Wasser ein Einfamilienhaus drei Jahre lang zu heizen. Der Mensch ist aufgebrochen zu neuen Sternen; nur muß er lernen, aus der Zeit auszusteigen.

»Steil hinauf herab«, formulierte H. G. Wells die Alternative des Zweibeiners. Noch kennt niemand die Grenzen dessen, wozu dieses Wesen fähig ist.

Wenn der Mensch so wenig taugte, wie manche seiner Gattung meinen, hätte er es kaum so weit gebracht. Wenn er so gottähnlich wäre, wie andere glaubten, säße er nicht so tief in der Klemme.

»Der Mensch bleibt in kritischen Situationen selten auf seinem Niveau«, bemerkte Alexis de Tocqueville (1805–1895): »Er erhebt sich darüber oder sinkt darunter.«

An kritischen Situationen wird es in einer übervölkerten Welt nicht mangeln. Die Menschheit wird untergehen wie die Saurier oder nie gekannte Ufer erreichen; nur ein Zurück in irgendeine gute alte Zeit wird es nicht geben.

Wir haben uns eine Welt geschaffen, in der die Adler sterben und die Quallen gedeihen. Und es wird noch schlimmer werden, ehe es besser werden kann. Aber 100 Jahre Galgenfrist, um eine neue Welt zu bauen – das wäre eine faire Chance.

Literatur

Basil Ashton, Kenneth Hill, Alan Piazza, Robin Zeitz: »Famine in China«, »Population and Development Review«, New York 1984.

Jack Beeching: »The Galleys at Lepanto«, London 1984.

G. d. Beer: »Darwin«, 1974.

Pierre Bertaux: »Mutation der Menschheit«, München 1963.

Daniel J. Boorstin: »The Discoverers«, New York 1983.

H. Brown: »The Challenge of Man's Future«, New York 1954.

A. M. Carr-Saunders: »World Population«, Oxford 1936.

Lewis Carroll: »Alice's Adventures in Wonderland«, London 1865.

Josue de Castro: »Death in the Northeast«, 1966.

»Der chinesische Weg«, Peking Rundschau, 1983.
A. W. Clausen: »Population Growth and Economie and Social Development«, Washington 1984.
Philip H. Coombs: »The World Educational Crises«, New York 1968
Will Cuppy: »How to become Extinct«, New York 1946.
C. D. Darlington: »The Evolution of man on Society«, London 1969.
Paul Demeny: »A Perspective on Long-Term Population Growth«, »Population and Development Review«, New York 1984.
Jean Dorst: »Natur in Gefahr«, Zürich 1966.
Vitus B. Dröscher: »Die freundliche Bestie«, Oldenburg 1968, »Die Tierwelt unserer Heimat«, Hamburg 1978, »Überlebensformel«, Düsseldorf 1979, »Nestwärme«, Düsseldorf 1982.
Will and Ariel Durant: »The Story of Civilization«, New York 1935.
Paul R. and Anne H. Ehrlich: »Die Ökologie des Menschen«, Frankfurt 1972.
Irenäus Eibl-Eibesfeldt: »Die Biologie des menschlichen Verhaltens«, München 1984.
Colin McEvedy and Richard Jones: »Atlas of World Population History«, New York 1978.
Daphne Fielding: »The Duchess of Jermyn Street«, London 1964.
»Global 2000«. Washington 1980.

Horace Greely: »Hints toward Reform«, New York 1870.
Heinz Haber: »Wieviel Tonnen darf die Menschheit wiegen«, Hamburg 1985.
Ernest Havemann: »Birth Control«, New York 1967.
Aldous Huxley: »Brave New World Revisited«, London 1985.
Julian Huxley: »New Bottles for New Wine«, New York 1952.
Hermann Kahn und Anthony G. Breuer: »The Year 2000«, New York 1968.
Arthur Koestler: »Bricks to Bable«, New York 1980.
»Lettres missives de Henri IV«, Paris 1847.
Konrad Lorenz: »Das sogenannte Böse«, Wien 1971.
»Der Hof Ludwigs XIV. in Augenzeugenberichten«, Düsseldorf 1964.
Thomas Robert Malthus: »Essay on the Principle of Population«, 1798.
Dennis Meadows: »Die Grenzen des Wachstums«, Stuttgart 1972.
Herman Melville: »The Whale«, 1851.
Jules Michelet: »Histoire de France«, 1867.
Robert S. McNamara: »Time Bomb or Myth: The Population Problem«, »Foreign Affairs«, 1984.
Friedrich Nietzsche: »Jenseits von Gut und Böse«, 1886.

William and Paul Paddock: »Famine 1925«, Boston 1967.
R. Pearl: »The Biology of Population Growth«, New York 1925.
Sir Walter Raleigh: »Laughter from a Cloud«, London 1923.
George Bernhard Shaw: »Major Barbara«, London 1905.
Peter Singer und Deane Wells: »Making Babies«, New York 1984.
P. C. Snow: »The Two Cultures and the Scientific Revolution«, London 1959.
Jonathan Swift: »A modest proposal«, Dublin 1729.
Hugh Thomas: »An Unfinished History of the World«, London 1979.
Alexis de Tocqueville: »Manchester«, 1835.
Arnold J. Toynbee: »A Study of History«, London 1939.
Barbara Tuchman: »A Distant Mirror«, New York 1978.
Mark Twain: »What is man«, New York 1905.
Sun Tzu: »The Art of War«, Oxford 1963.
Barbara Ward: »Spaceship Earth«, London.
H. G. Wells: »The Science of Life«, London 1929.
»World Development Report 1984«, Worldbank, Washington D. C. 1984.
»World Population Prospects«, United Nations, New York 1985.

Verzeichnis der geographischen Namen

Verzeichnis der Personen und Organisationen

CIP-Kurztitelaufnahme der Deutschen Bibliothek

Jacobi, Claus:
Uns bleiben 100 Jahre : Ursachen u.
Auswirkungen d. Bevölkerungsexplosion /
Claus Jacobi. – Frankfurt/Main; Berlin:
Ullstein, 1986.
ISBN 3-550-07739-4

KURT M. JUNG

Weltgeschichte in einem Griff

Von der Urzeit bis zur Gegenwart

Neu bearbeitet und ergänzt
1368 Seiten, 1535 Abbildungen

Die wichtigsten Ereignisse der Menschheitsgeschichte auf einen Blick – ein Nachschlagewerk, das schnell und präzise informiert.

Chronologisch geordnet präsentiert Kurt M. Jungs »Weltgeschichte in einem Griff« die Fakten der deutschen und europäischen Geschichte, der Weltgeschichte, der Kunst- und Kulturgeschichte sowie die gesellschaftliche Entwicklung der Menschheit, ergänzt durch ein ausführliches Stichwortregister und zeitgenössische Abbildungen und Karten.